新时代新理念职业教育教材

安检概论

（修订本）

主　编　隋东旭
副主编　张立瑜　李晓燕

北京交通大学出版社
·北京·

内 容 简 介

本书按安检工作岗位的技能要求、岗位作业标准进行编写，突出安检工作岗位所需理论知识的系统性，强调安检工作岗位所需实操技能的实用性。本书共分六章，分别为安检工作总论、违禁品认知、安检设施设备、安检工作流程及作业标准、安检工作服务标准、安检安全知识。本书图文并茂，精练实用。

本书可作为职业教育安检专业的教学用书，也可作为空中乘务、城轨运营、铁道运营、高铁乘务等专业安检方向的教学用书，还可作为安检行业岗前或在职培训用书。

图书在版编目（CIP）数据

安检概论／隋东旭，张立瑜主编. —北京：北京交通大学出版社，2019.2（2022.7 重印）

ISBN 978－7－5121－3855－1

Ⅰ.①安… Ⅱ.①隋… ②张… Ⅲ.①安全检查－岗位培训－教材 Ⅳ.①X924

中国版本图书馆 CIP 数据核字（2019）第 041122 号

安检概论
ANJIAN GAILUN

策划编辑：刘 辉　　责任编辑：刘 辉
出版发行：北京交通大学出版社　　电话：010－51686414　　http：//www.bjtup.com.cn
地　　址：北京市海淀区高梁桥斜街 44 号　　邮编：100044
印 刷 者：艺堂印刷（天津）有限公司
经　　销：全国新华书店
开　　本：185 mm×260 mm　　印张：8.75　　字数：217 千字
版　　次：2022 年 7 月第 1 版第 1 次修订　　2022 年 7 月第 4 次印刷
书　　号：ISBN 978－7－5121－3855－1／X・11
定　　价：46.00 元

本书如有质量问题，请向北京交通大学出版社质监组反映。对您的意见和批评，我们表示欢迎和感谢。
投诉电话：010－51686043，51686008；传真：010－62225406；E-mail：press@bjtu.edu.cn。

前　言

近年来，安检工作越来越受到政府、企事业单位，以及社会公众的重视。安检工作在维护社会安定，保障公共安全和人民群众人身、财产安全方面发挥了重要作用。安检工作已朝制度化、规范化、职业化、智能化方向发展，总结安检工作已有的经验，对相关理论与实践技能进行归纳、总结显得尤为迫切，为此，我们组织相关人员编写了本书。

本书按安检工作岗位的技能要求、岗位作业标准进行编写，突出安检工作岗位所需理论知识的系统性，强调安检工作岗位所需实操技能的实用性。本书共分六章，分别为安检工作总论、违禁品认知、安检设施设备、安检工作流程及作业标准、安检工作服务标准、安检安全知识。本书图文并茂，精练实用。

本书可作为职业教育安检专业的教学用书，也可作为空中乘务、城轨运营、铁道运营、高铁乘务等专业安检方向的教学用书，还可作为安检行业岗前或在职培训用书。

本书由隋东旭担任主编，张立瑜、李晓燕担任副主编，具体编写分工如下：第一章、第二章、第三章、第四章、附录 A 由隋东旭编写，第五章由张立瑜编写，第六章由李晓燕编写，全书由隋东旭统稿。

由于编者水平有限，本书不足之处在所难免，恳请广大读者批评指正。反馈本书意见、建议，以及索取相关教学资源，可与出版社编辑刘辉联系（邮箱 cbslh@ jg. bjtu. edu. cn；QQ39116920）。

编者

2022 年 7 月

Contents

目录

第一章　安检工作总论

知识目标

- 安检工作相关基础知识；
- 安检相关法律法规；
- 安检员的职业道德要求。

技能目标

- 遵守安检员的职业道德规范；
- 运用安检法律法规解决实际问题。

案例导入

事件经过：

旅客张小姐乘坐××次动车前往上海，其随身携带的行李中有禁止携带的液体物品。安检员告诉张小姐，铁路部门禁止旅客随身携带违禁物品乘坐高铁，旅客可将违禁物品送出车站或现场自弃。在旅客未明确做出选择的情况下，安检员误认为旅客已选择自弃处理，将禁止携带的液体物品放置于身后的物品自弃筐中，之后把行李交付给张小姐。等到张小姐到达目的地打开行李后发现，缺失了几件物品。张小姐很生气，她提出：为什么安检员发现有禁止携带的物品时，不告知旅客，而是在旅客毫不知情的情况下将物品拿走。因为此事，张小姐进行了投诉。

自弃物品收集处如图1－1所示。安检人员文明、规范地提醒受检人自弃违禁物品如图1－2所示。

图1－1　自弃物品收集处

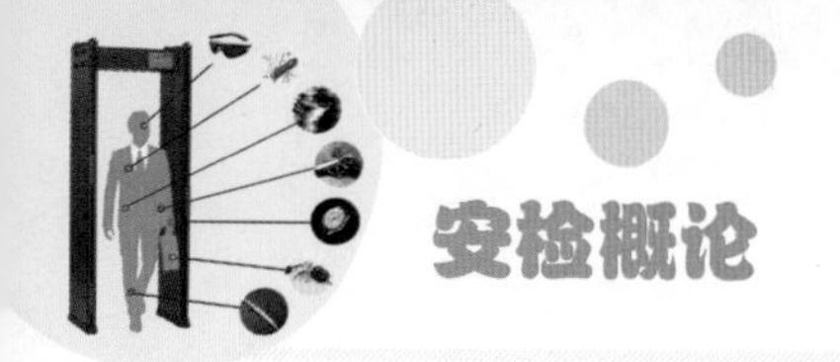

图1－2　安检人员文明、规范地提醒受检人自弃违禁物品

案例分析：安检员解答旅客疑问时，言行举止不规范、文明用语使用不到位，缺乏现场处理问题的专业能力，换位思考的服务意识，以及灵活、冷静处理现场问题的技巧，这些是造成受检人投诉的主要原因之一。

改进提示：

安检员应全面、正确、系统地掌握各项安检规定、操作流程、岗位职责等，执行统一的检查标准。

各部门要从“外部宣传力度、内部解释服务”双向着手，开展安检规定、流程的公众宣教工作。

安检员针对受检人提出的疑问、需求，要正确对待、合理区分，在力所能及的范围内尽可能在现场及时进行解决，力求受检人满意。

第一节　安检工作概述

一、安检的概念

安全检查简称安检。所谓安检是指在机场、车站、剧场、大型活动现场等范围内实施的为防止危害公共安全事件发生，保障人员、财产安全所采取的一种强制性的安全技术性检查工作。

二、安检的性质

安检是安全保卫工作的重要组成部分，是主体单位依据国家和地方相关法规，为保障公共场所安全，对相关人员的人身和携带物品进行的公开的、安全性的检查，其具有强制性和专业技术性的特点。

三、安检的任务

安检的任务：根据安检级别，对进入相关管控区域的人员，视情况采取引导、提示、手检、机检、开包验检、劝离、报警等方式，保护相关区域范围内的人身、财产和信息等安全，维护现场秩序。安检人员要定期参加相关培训、演练、抢险救灾等行动，听从指挥，服从命令，执行任务，接受考评，确保相关安全目标的实现。

四、安检的原则

1. 安全第一，认真负责

安全是安全检查的宗旨和根本目的，而严格检查则是实现这个目的的手段和对安检人员的要求。所谓认真负责，就是严密地组织各项勤务事项，执行各项规定，落实各项措施，发扬对公众高度负责的精神，牢牢把好安全检查关，切实做到任何违禁品不漏检，任何可疑人员不放过，以确保人员和财产的安全。

安检人员认真负责地工作如图 1－3 所示。

图 1－3　安检人员认真负责地工作

2. 坚持制度，区别对待

有关安全检查的各项规章制度和规定，是指导安全检查工作的实施和处理各类问题的依据，必须认真贯彻执行，决不能有法不依、有章不循。同时，还应根据特殊情况和不同对象，在不违背原则和确保安全的前提下，掌握灵活处置各类问题的技巧。通常情况下对各类人员实施检查，既要一视同仁，又要注意区别，要明确重点，有所侧重。

安检人员对特殊受检人员有针对性地区别服务如图 1－4 所示。

3. 内紧外松，机制灵活

内紧，是指安检人员要有警情观念，要有高度的警惕性和责任心，具备紧张的工作作风，实施严密的检查程序，要熟悉处置突发事件的应急措施等，不放过任何隐患，让犯罪分子无空可钻。外松，是指检查时要做到态度自然，沉着冷静，语言文明，讲究方式，按步骤、有秩序地开展工作。机制灵活是指在错综复杂的情况下，安检人员要有敏锐的观察能力

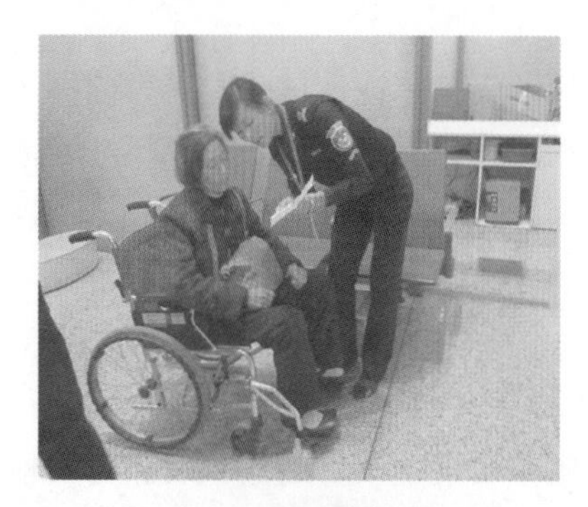

(a)为老年受检人服务

(b)为儿童受检人服务

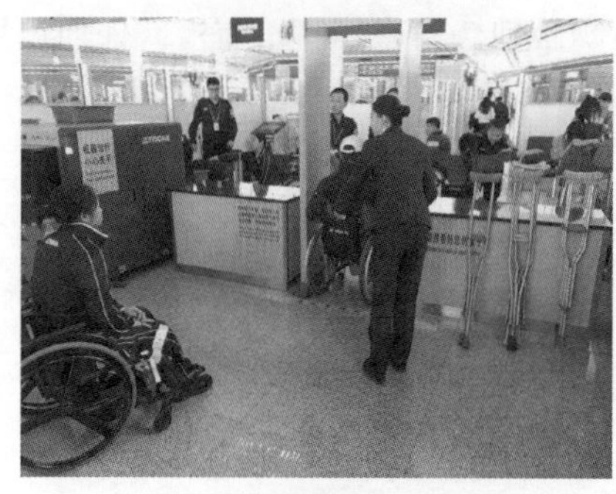

(c)为残疾受检人服务

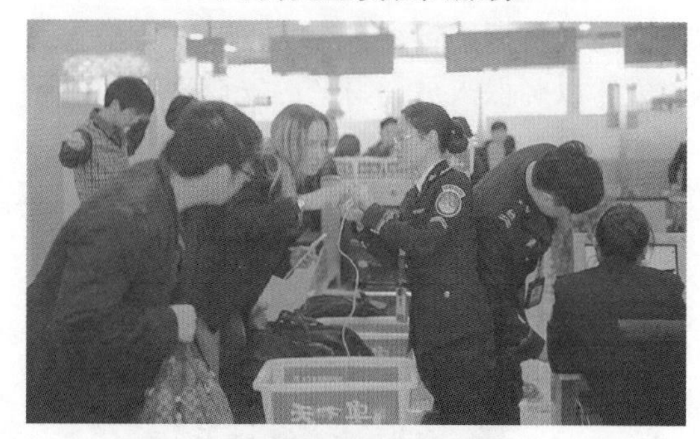

(d)为外籍受检人服务

图1－4　安检人员对特殊受检人员有针对性地区别服务

和准确的判断能力，善于分析问题，要从受检人员的言谈举止、着装打扮和神态表情中，察言观色，发现蛛丝马迹，不漏掉任何可疑人员和物品。

4. 文明执勤，热情服务

安全检查是社会管理和服务工作的一部分，安检人员要树立全心全意为人民服务的思想，要做到检查规范，文明礼貌，着装整洁，仪表端庄；举止大方，说话和气，“请”字开头，“谢”字结尾；尊重不同国籍、不同地区、不同民族的风俗习惯。同时要在确保安全和不影响正常工作的前提下，尽量为受检人员排忧解难。对伤、残、病受检人员给予优先照顾，不能伤害受检人员的自尊心；对孕妇，幼童，老年受检人要尽量提供方便，给予照顾。

安检人员热情服务如图1－5所示。

五、安检工作的法律地位

1. 安检部门的权限

1）行政法规的执行权

国家行政部门进行涉及安检的行为时，具有行政执法权。此外，部分企业也有执法权，例如民航安检的执法主体是民航公安机关和机场，铁路安检的执法主体是铁路公安机关和铁路企业。机场和铁路企业虽然不是行政机关，但其进行安全检查的行政检查权是法律授予的，其具有安全检查的行政主体资格。

图 1-5　安检人员热情服务

2）检查权

安检部门的检查权包括两个方面。

（1）人身检查权，包括使用仪器检查和手工检查。

（2）对行李、物品的检查权，包括使用仪器检查和手工开箱（包）检查。

3）拒绝权

（1）在安全检查过程中，当发现有枪支，弹药，管制刀具，易燃、易爆物品等可能危害公共场所安全的违禁品及携带违禁品的人员时，安检部门有权不让其乘坐交通工具或参与相关公共活动，并将人与物一并移交公安机关审查处理。

（2）在安全检查过程中，对不接受检查的人员，安检部门有权拒绝让其进入相关公共场合（如车站、机场航站楼、剧院、博物馆、大型活动现场等）。

2. 安全检查的法律特征

企事业单位的安全检查队伍有行政法规的执行权而无处罚权，这是安全检查的法律特征。安全检查队伍是保障相关公共场所安全的带有服务性质并具有专业技术的职工队伍，执行法律及有关行政法规和规章，安全检查带有行政执法的性质，但安全检查部门大多数情况下属于企事业单位的一个机构，不属于行政机关，所以它不具有行政处罚权，即不具有拘留，罚款的权利。公安部门执行安全检查任务时，具备行政处罚权。

六、安检工作的特点

安全检查工作以受检人员及其行李、物品为主要工作对象，以防止危害公共安全行为发生、确保公共场所安全为主要目的，以公开的安全检查为主要手段，是确保人员和财产安全的必要措施，是一项非常重要的工作。安全检查工作要求在较短时间内完成对受检人员及其行李、物品等的安全检查，而且要确保安全，一旦出现失误，发生危害公共安全的事件，后果严重，损失巨大，因此，安检工作具有责任性强、政策性强、时间性强、专业性强及风险性大等特点。

1. 责任非常重大

安检工作是防范各类易燃、易爆和其他严重威胁公共安全的违禁品的第一道也是最重要的防线，安检员的任何疏忽都有可能带来不可挽回的损失。

2. 劳动强度高

以交通安检为例，安检员的工作时间与交通运营时间保持一致，安检员必须起早贪黑。交通站场的客流量巨大，安检工作的劳动强度可想而知。

安检高峰时段如图 1－6 所示。

图 1－6　安检高峰时段

3. 技术含量高

安检工作必须借助高科技设备和娴熟的个人技能才能有效地完成。必须经过自身的努力学习和长时间的工作积累才能成为一名优秀的安检员。安检人员从事技术性专业工作如图 1－7所示。

图 1－7　安检人员从事技术性专业工作

4. 易发纠纷

安检工作是与公众接触最多的工作之一，这项工作常常不被人理解，非常容易发生纠纷。

第二节　安检相关法律法规

一、国家级相关法律法规摘录

1.《中华人民共和国刑法》的相关规定

第一百三十四条【重大责任事故罪】

在生产、作业中违反有关安全管理的规定，因而发生重大伤亡事故或者造成其他严重后果的，处三年以下有期徒刑或者拘役；情节特别恶劣的，处三年以上七年以下有期徒刑。强令他人违章冒险作业，因而发生重大伤亡事故或者造成其他严重后果的，处五年以下有期徒刑或者拘役；情节特别恶劣的，处五年以上有期徒刑。

该法条表明：因漏、错检导致发生火灾、爆炸事故，其后果极其严重，当事人、相关管理人员等责任人均要依法受到严惩。

第一百三十六条【危险物品肇事罪】

违反爆炸性、易燃性、放射性、毒害性、腐蚀性物品的管理规定，在生产、储存、运输、使用中发生重大事故，造成严重后果的，处三年以下有期徒刑或者拘役；后果特别严重的，处三年以上七年以下有期徒刑。

该法条表明：对作业过程中违禁物品的管理、处置是需要高度重视和严格按规范操作的，一旦发生丢失被盗或账实不符并造成严重后果的，要承担刑事责任。

第一百三十九条之一【不报、谎报安全事故罪】

在安全事故发生后，负有报告职责的人员不报或者谎报事故情况，贻误事故抢救，情节严重的，处三年以下有期徒刑或者拘役；情节特别严重的，处三年以上七年以下有期徒刑。

该法条表明：对工作现场的突发事件或者异常情况进行信息报送是受法律约束的，必须按规定及时准确上报。

2.《中华人民共和国消防法》的相关规定

第六十二条　有下列行为之一的，依照《中华人民共和国治安管理处罚法》的规定处罚：

（一）违反有关消防技术标准和管理规定生产、储存、运输、销售、使用、销毁易燃易爆危险品的；

（二）非法携带易燃易爆危险品进入公众场所或者乘坐公共交通工具的；

（三）谎报火警的；

（四）阻碍消防车、消防艇执行任务的；

（五）阻碍公安机关消防机构的工作人员依法执行职务的。

第六十三条　违反本法规定，有下列行为之一的，处警告或者五百元以下罚款；情节严重的，处五日以下拘留：

（一）违反消防安全规定进入生产、储存易燃易爆危险品场所的；

（二）违反规定使用明火作业或者在具有火灾、爆炸危险的场所吸烟、使用明火的。

第六十四条　违反本法规定，有下列行为之一，尚不构成犯罪的，处十日以上十五日以下拘留，可以并处五百元以下罚款；情节较轻的，处警告或者五百元以下罚款：

（一）指使或者强令他人违反消防安全规定，冒险作业的；

（二）过失引起火灾的；

（三）在火灾发生后阻拦报警，或者负有报告职责的人员不及时报警的；

（四）扰乱火灾现场秩序，或者拒不执行火灾现场指挥员指挥，影响灭火救援的；

（五）故意破坏或者伪造火灾现场的；

（六）擅自拆封或者使用被公安机关消防机构查封的场所、部位的。

第六十八条　人员密集场所发生火灾，该场所的现场工作人员不履行组织、引导在场人员疏散的义务，情节严重，尚不构成犯罪的，处五日以上十日以下拘留。

以上法条表明：消防工作需要人人参与；安检人员要掌握消防知识；当事单位、个人违反消防法规都会受到法律的处罚，涉及刑事责任的，依法追究刑事责任。

3.《中华人民共和国反恐怖主义法》的相关规定

第三章　安全防范

第三十四条　大型活动承办单位以及重点目标的管理单位应当依照规定，对进入大型活动场所、机场、火车站、码头、城市轨道交通站、公路长途客运站、口岸等重点目标的人员、物品和交通工具进行安全检查。发现违禁品和管制物品，应当予以扣留并立即向公安机关报告；发现涉嫌违法犯罪人员，应当立即向公安机关报告。

第三十五条　对航空器、列车、船舶、城市轨道车辆、公共电汽车等公共交通运输工具，营运单位应当依照规定配备安保人员和相应设备、设施，加强安全检查和保卫工作。

第九章　法律责任

第八十八条　防范恐怖袭击重点目标的管理、营运单位违反本法规定，有下列情形之一的，由公安机关给予警告，并责令改正；拒不改正的，处十万元以下罚款，并对其直接负责的主管人员和其他直接责任人员处一万元以下罚款：

（一）未制定防范和应对处置恐怖活动的预案、措施的；

（二）未建立反恐怖主义工作专项经费保障制度，或者未配备防范和处置设备、设施的；

（三）未落实工作机构或者责任人员的；

（四）未对重要岗位人员进行安全背景审查，或者未将有不适合情形的人员调整工作岗位的；

（五）对公共交通运输工具未依照规定配备安保人员和相应设备、设施的；

（六）未建立公共安全视频图像信息系统值班监看、信息保存使用、运行维护等管理制度的。

大型活动承办单位以及重点目标的管理单位未依照规定对进入大型活动场所、机场、火车站、码头、城市轨道交通站、公路长途客运站、口岸等重点目标的人员、物品和交通工具进行安全检查的，公安机关应当责令改正；拒不改正的，处十万元以下罚款，并对其直接负责的主管人员和其他直接责任人员处一万元以下罚款。

4.《中华人民共和国治安管理处罚法》的相关规定

第二章　处罚的种类和适用

第十条　治安管理处罚的种类分为：（一）警告；（二）罚款；（三）行政拘留；（四）吊销公安机关发放的许可证。对违反治安管理的外国人，可以附加适用限期出境或者驱逐出境。

第三章　违反治安管理的行为和处罚

第二十三条　有下列行为之一的，处警告或者二百元以下罚款；情节较重的，处五日以上十日以下拘留，可以并处五百元以下罚款：

（一）扰乱机关、团体、企业、事业单位秩序，致使工作、生产、营业、医疗、教学、科研不能正常进行，尚未造成严重损失的；

（二）扰乱车站、港口、码头、机场、商场、公园、展览馆或者其他公共场所秩序的；

（三）扰乱公共汽车、电车、火车、船舶、航空器或者其他公共交通工具上的秩序的；

（四）非法拦截或者强登、扒乘机动车、船舶、航空器以及其他交通工具，影响交通工具正常行驶的；

（五）破坏依法进行的选举秩序的。

聚众实施前款行为的，对首要分子处十日以上十五日以下拘留，可以并处一千元以下罚款。

第二十五条　有下列行为之一的，处五日以上十日以下拘留，可以并处五百元以下

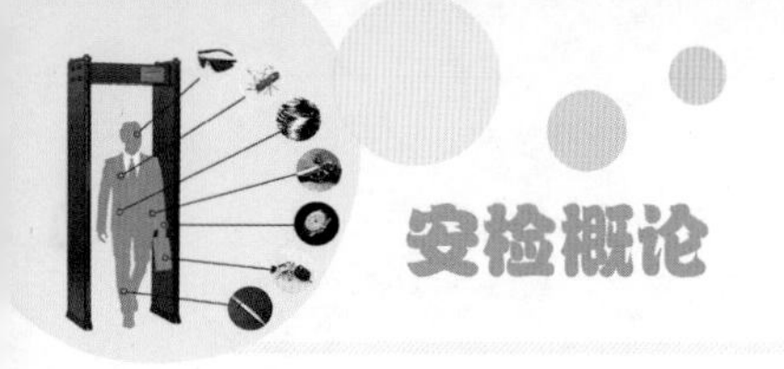

罚款；情节较轻的，处五日以下拘留或者五百元以下罚款：

（一）散布谣言，谎报险情、疫情、警情或者以其他方法故意扰乱公共秩序的；

（二）投放虚假的爆炸性、毒害性、放射性、腐蚀性物质或者传染病病原体等危险物质扰乱公共秩序的；

（三）扬言实施放火、爆炸、投放危险物质扰乱公共秩序的。

第二十六条　有下列行为之一的，处五日以上十日以下拘留，可以并处五百元以下罚款；情节较重的，处十日以上十五日以下拘留，可以并处一千元以下罚款：

（一）结伙斗殴的；

（二）追逐、拦截他人的；

（三）强拿硬要或者任意损毁、占用公私财物的；

（四）其他寻衅滋事行为。

第三十条　违反国家规定，制造、买卖、储存、运输、邮寄、携带、使用、提供、处置爆炸性、毒害性、放射性、腐蚀性物质或者传染病病原体等危险物质的，处十日以上十五日以下拘留；情节较轻的，处五日以上十日以下拘留。

第三十一条　爆炸性、毒害性、放射性、腐蚀性物质或者传染病病原体等危险物质被盗、被抢或者丢失，未按规定报告的，处五日以下拘留；故意隐瞒不报的，处五日以上十日以下拘留。

第三十二条　非法携带枪支、弹药或者弩、匕首等国家规定的管制器具的，处五日以下拘留，可以并处五百元以下罚款；情节较轻的，处警告或者二百元以下罚款。

非法携带枪支、弹药或者弩、匕首等国家规定的管制器具进入公共场所或者公共交通工具的，处五日以上十日以下拘留，可以并处五百元以下罚款。

第四十三条　殴打他人的，或者故意伤害他人身体的，处五日以上十日以下拘留，并处二百元以上五百元以下罚款；情节较轻的，处五日以下拘留或者五百元以下罚款。有下列情形之一的，处十日以上十五日以下拘留，并处五百元以上一千元以下罚款：

（一）结伙殴打、伤害他人的；

（二）殴打、伤害残疾人、孕妇、不满十四周岁的人或者六十周岁以上的人的；

（三）多次殴打、伤害他人或者一次殴打、伤害多人的。

第五十条　有下列行为之一的，处警告或者二百元以下罚款；情节严重的，处五日以上十日以下拘留，可以并处五百元以下罚款：

（一）拒不执行人民政府在紧急状态情况下依法发布的决定、命令的；

（二）阻碍国家机关工作人员依法执行职务的；

（三）阻碍执行紧急任务的消防车、救护车、工程抢险车、警车等车辆通行的；

（四）强行冲闯公安机关设置的警戒带、警戒区的。阻碍人民警察依法执行职务的，从重处罚。

5.《大型群众性活动安全管理条例》的相关规定

第二章　安全责任

第六条　举办大型群众性活动，承办者应当制订大型群众性活动安全工作方案。大型群众性活动安全工作方案包括下列内容：……（六）入场人员的票证查验和安全检查措施；……

第七条　承办者具体负责下列安全事项：……（三）按照负责许可的公安机关的要求，配备必要的安全检查设备，对参加大型群众性活动的人员进行安全检查，对拒不接受安全检查的，承办者有权拒绝其进入；……

第九条　参加大型群众性活动的人员应当遵守下列规定：……（二）遵守大型群众性活动场所治安、消防等管理制度，接受安全检查，不得携带爆炸性、易燃性、放射性、毒害性、腐蚀性等危险物质或者非法携带枪支、弹药、管制器具；……

第十条　公安机关应当履行下列职责：……（四）在大型群众性活动举办前，对活动场所组织安全检查，发现安全隐患及时责令改正；……

第四章　法律责任

第二十三条　参加大型群众性活动的人员有违反本条例第九条规定行为的，由公安机关给予批评教育；有危害社会治安秩序、威胁公共安全行为的，公安机关可以将其强行带离现场，依法给予治安管理处罚；构成犯罪的，依法追究刑事责任。

二、部门和行业相关法律法规

1. 铁路旅客运输安全检查管理办法

第一条　为了保障铁路运输安全和旅客生命财产安全，加强和规范铁路旅客运输安全检查工作，根据《中华人民共和国铁路法》《铁路安全管理条例》等法律、行政法规和国家有关规定，制定本办法。

第二条　本办法所称铁路旅客运输安全检查是指铁路运输企业在车站、列车对旅客及其随身携带、托运的行李物品进行危险物品检查的活动。

前款所称危险物品是指易燃易爆物品、危险化学品、放射性物品和传染病病原体及枪支弹药、管制器具等可能危及生命财产安全的器械、物品。禁止或者限制携带物品的种类及其数量由国家铁路局会同公安部规定并发布。

第三条　铁路运输企业应当在车站和列车等服务场所内，通过多种方式公告禁止或者限制携带物品种类及其数量。

第四条　铁路运输企业是铁路旅客运输安全检查的责任主体，应当按照法律、行政法规、规章和国家铁路局有关规定，组织实施铁路旅客运输安全检查工作，制定安全检查管理制度，完善作业程序，落实作业标准，保障旅客运输安全。

第五条　铁路运输企业应当在铁路旅客车站和列车配备满足铁路运输安全检查需要的设备，并根据车站和列车的不同情况，制定并落实安全检查设备的配备标准，使用符合国家标准、行业标准和安全、环保等要求的安全检查设备，并加强设备维护检修，保障其性能稳定，运行安全。

第六条　铁路运输企业应当在铁路旅客车站和列车配备满足铁路运输安全检查需要的人员，并加强识别和处置危险物品等相关专业知识培训。从事安全检查的人员应当统一着装，佩戴安全检查标志，依法履行安全检查职责，爱惜被检查的物品。

第七条　旅客应当接受并配合铁路运输企业的安全检查工作。拒绝配合的，铁路运输企业应当拒绝其进站乘车和托运行李物品。

第八条　铁路运输企业可以采取多种方式检查旅客及其随身携带或者托运的物品。

对旅客进行人身检查时，应当依法保障旅客人身权利不受侵害；对女性旅客进行人身检查，应当由女性安全检查人员进行。

第九条　安全检查人员发现可疑物品时可以当场开包检查。开包检查时，旅客应当在场。

安全检查人员认为不适合当场开包检查或者旅客申明不宜公开检查的，可以根据实际情况，移至适当场合检查。

第十条　铁路运输企业应当采取有效措施，加强旅客车站安全管理，为安全检查提供必要的场地和作业条件，提供专门处置危险物品的场所。

第十一条　铁路运输企业应当制定并实施应对客流高峰、恶劣气象及设备故障等突发情况下的安全检查应急措施，保证安全检查通道畅通。

第十二条　铁路运输企业在旅客进站或托运人托运前查出的危险物品，或旅客携带禁止携带物品、超过规定数量的限制携带物品的，可由旅客或托运人选择交送行人员带回或自弃交车站处理。

第十三条　对怀疑为危险物品，但受客观条件限制又无法认定其性质的，旅客或托运人又不能提供该物品性质和可以经旅客列车运输的证明时，铁路运输企业有权拒绝其进站乘车或托运。

第十四条　安全检查中发现携带枪支弹药、管制器具、爆炸物品等危险物品，或者旅客声称本人随身携带枪支弹药、管制器具、爆炸物品等危险物品的，铁路运输企业应当交由公安机关处理，并采取必要的先期处置措施。

第十五条　列车上发现的危险物品应当妥善处置，并移交前方停车站。鞭炮、发令纸、摔炮、拉炮等易爆物品应当立即浸湿处理。

第十六条　铁路运输企业在安全检查过程中，对扰乱安全检查工作秩序、妨碍安全检查人员正常工作的，应当予以制止；不听劝阻的，交由公安机关处理。

第十七条　公安机关应当按照职责分工，维护车站、列车等铁路场所和铁路沿线的治安秩序。

旅客违法携带、夹带管制器具或者违法携带、托运烟花爆竹、枪支弹药等危险物品或者其他违禁物品的，由公安机关依法给予治安管理处罚；构成犯罪的，依法追究刑事责任。

第十八条　铁路监管部门应当对铁路运输企业落实旅客运输安全检查管理制度情况加强监督检查，依法查处违法违规行为。

第十九条　铁路运输企业及其工作人员违反有关安全检查管理规定的，铁路监管部门应当责令改正。

第二十条　铁路监管部门的工作人员对旅客运输安全检查情况实施监督检查、处理投诉举报时，应当恪尽职守，廉洁自律，秉公执法。对失职、渎职、滥用职权、玩忽职守的，依法给予行政处分；构成犯罪的，依法追究刑事责任。

第二十一条　随旅客列车运输的包裹的安全检查，参照本办法执行。

第二十二条　本办法自2015年1月1日起施行。

2. 民用航空安全检查规则

第一章　总则

第一条　为了规范民用航空安全检查工作，防止对民用航空活动的非法干扰，维护民用航空运输安全，依据《中华人民共和国民用航空法》《中华人民共和国民用航空安全保卫条例》等有关法律、行政法规，制定本规则。

第二条　本规则适用于在中华人民共和国境内的民用运输机场进行的民用航空安全检查工作。

第三条　民用航空安全检查机构（以下简称“民航安检机构”）按照有关法律、行政法规和本规则，通过实施民用航空安全检查工作（以下简称“民航安检工作”），防止未经允许的危及民用航空安全的危险品、违禁品进入民用运输机场控制区。

第四条　进入民用运输机场控制区的旅客及其行李物品，航空货物、航空邮件应当接受安全检查。拒绝接受安全检查的，不得进入民用运输机场控制区。国务院规定免检的除外。

旅客、航空货物托运人、航空货运销售代理人、航空邮件托运人应当配合民航安检机构开展工作。

第五条　中国民用航空局、中国民用航空地区管理局（以下统称“民航行政机关”）对民航安检工作进行指导、检查和监督。

第六条　民航安检工作坚持安全第一、严格检查、规范执勤的原则。

第七条　承运人按照相关规定交纳安检费用，费用标准按照有关规定执行。

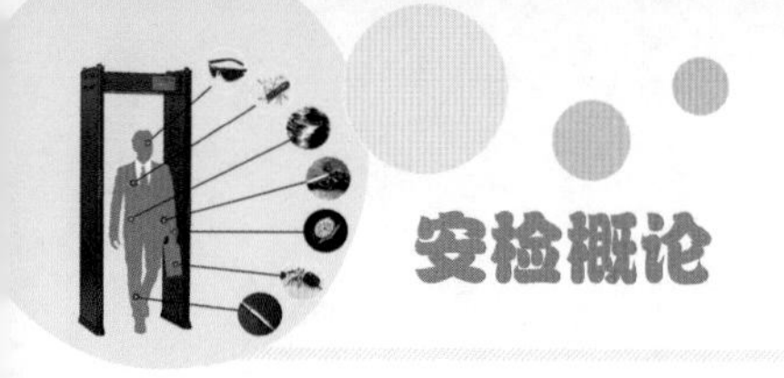

第二章　民航安检机构

第八条　民用运输机场管理机构应当设立专门的民航安检机构从事民航安检工作。

公共航空运输企业从事航空货物、邮件和进入相关航空货运区人员、车辆、物品的安全检查工作的，应当设立专门的民航安检机构。

第九条　设立民航安检机构的民用运输机场管理机构、公共航空运输企业（以下简称"民航安检机构设立单位"）对民航安检工作承担安全主体责任，提供符合中国民用航空局（以下简称"民航局"）规定的人员、经费、场地及设施设备等保障，提供符合国家标准或者行业标准要求的劳动防护用品，保护民航安检从业人员劳动安全，确保民航安检机构的正常运行。

第十条　民航安检机构的运行条件应当包括：

（一）符合民用航空安全保卫设施行业标准要求的工作场地、设施设备和民航安检信息管理系统；

（二）符合民用航空安全检查设备管理要求的民航安检设备；

（三）符合民用航空安全检查员定员定额等标准要求的民航安全检查员；

（四）符合本规则和《民用航空安全检查工作手册》要求的民航安检工作运行管理文件；

（五）符合民航局规定的其他条件。

第十一条　民航行政机关审核民用机场使用许可、公共航空运输企业运行合格审定申请时，应当对其设立的民航安检机构的运行条件进行审查。

第十二条　民航安检机构应当根据民航局规定，制定并实施民航安检工作质量控制和培训管理制度，并建立相应的记录。

第十三条　民航安检机构应当根据工作实际，适时调整本机构的民航安检工作运行管理文件，以确保持续有效。

第三章　民航安全检查员

第十四条　民航安检机构应当使用符合以下条件的民航安全检查员从事民航安检工作：

（一）具备相应岗位民航安全检查员国家职业资格要求的理论和技能水平；

（二）通过民用航空背景调查；

（三）完成民航局民航安检培训管理规定要求的培训。

对不适合继续从事民航安检工作的人员，民航安检机构应当及时将其调离民航安检工作岗位。

第十五条　民航安检现场值班领导岗位管理人员应当具备民航安全检查员国家职业资格三级以上要求的理论和技能水平。

第十六条　民航安全检查员执勤时应当着民航安检制式服装，佩戴民航安检专门标志。民航安检制式服装和专门标志式样和使用由民航局统一规定。

第十七条　民航安全检查员应当依据本规则和本机构民航安检工作运行管理文件的要求开展工作，执勤时不得从事与民航安检工作无关的活动。

第十八条 X射线安检仪操作检查员连续操机工作时间不得超过30分钟，再次操作X射线安检仪间隔时间不得少于30分钟。

第十九条 民航安检机构设立单位应当根据国家和民航局、地方人民政府有关规定，为民航安全检查员提供相应的岗位补助、津贴和工种补助。

第二十条 民航安检机构设立单位或民航安检机构应当为安全检查员提供以下健康保护：

（一）每年不少于一次的体检并建立健康状况档案；

（二）除法定假期外，每年不少于两周的带薪休假；

（三）为怀孕期和哺乳期的女工合理安排工作。

第四章 民航安检设备

第二十一条 民航安检设备实行使用许可制度。用于民航安检工作的民航安检设备应当取得“民用航空安全检查设备使用许可证书”并在“民用航空安全检查设备使用许可证书”规定的范围内使用。

第二十二条 民航安检机构设立单位应当按照民航局规定，建立并运行民航安检设备的使用验收、维护、定期检测、改造及报废等管理制度，确保未经使用验收检测合格、未经定期检测合格的民航安检设备不得用于民航安检工作。

第二十三条 民航安检机构设立单位应当按照民航局规定，上报民航安检设备使用验收检测、定期检测、报废等相关信息。

第二十四条 从事民航安检设备使用验收检测、定期检测的人员应当通过民航局规定的培训。

第五章 民航安检工作实施

第一节 一般性规定

第二十五条 民航安检机构应当按照本机构民航安检工作运行管理文件组织实施民航安检工作。

第二十六条 公共航空运输企业、民用运输机场管理机构应当在售票、值机环节和民航安检工作现场待检区域，采用多媒体、实物展示等多种方式，告知公众民航安检工作的有关要求、通告。

第二十七条 民航安检机构应当按照民航局要求，实施民航安全检查安全信用制度。对有民航安检违规记录的人员和单位进行安全检查时，采取从严检查措施。

第二十八条 民航安检机构设立单位应当在民航安检工作现场设置禁止拍照、摄像警示标识。

第二节 旅客及其行李物品的安全检查

第二十九条 旅客及其行李物品的安全检查包括证件检查、人身检查、随身行李物品检查、托运行李检查等。安全检查方式包括设备检查、手工检查及民航局规定的其他安全检查方式。

第三十条 旅客不得携带或者在行李中夹带民航禁止运输物品，不得违规携带或者在行李中夹带民航限制运输物品。民航禁止运输物品、限制运输物品的具体内容由民航局制定并发布。

第三十一条　乘坐国内航班的旅客应当出示有效乘机身份证件和有效乘机凭证。对旅客、有效乘机身份证件、有效乘机凭证信息一致的，民航安检机构应当加注验讫标识。

有效乘机身份证件的种类包括：中国大陆地区居民的居民身份证、临时居民身份证、护照、军官证、文职干部证、义务兵证、士官证、文职人员证、职工证、武警警官证、武警士兵证、海员证，香港、澳门地区居民的港澳居民来往内地通行证，台湾地区居民的台湾居民来往大陆通行证；外籍旅客的护照、外交部签发的驻华外交人员证、外国人永久居留证；民航局规定的其他有效乘机身份证件。

十六周岁以下的中国大陆地区居民的有效乘机身份证件，还包括出生医学证明、户口簿、学生证或户口所在地公安机关出具的身份证明。

第三十二条　旅客应当依次通过人身安检设备接受人身检查。对通过人身安检设备检查报警的旅客，民航安全检查员应当对其采取重复通过人身安检设备或手工人身检查的方法进行复查，排除疑点后方可放行。对通过人身安检设备检查不报警的旅客可以随机抽查。

旅客在接受人身检查前，应当将随身携带的可能影响检查效果的物品，包括金属物品、电子设备、外套等取下。

第三十三条　手工人身检查一般由与旅客同性别的民航安全检查员实施；对女性旅客的手工人身检查，应当由女性民航安全检查员实施。

第三十四条　残疾旅客应当接受与其他旅客同样标准的安全检查。接受安全检查前，残疾旅客应当向公共航空运输企业确认具备乘机条件。

残疾旅客的助残设备、服务犬等应当接受安全检查。服务犬接受安全检查前，残疾旅客应当为其佩戴防咬人、防吠叫装置。

第三十五条　对要求在非公开场所进行安全检查的旅客，如携带贵重物品、植入心脏起搏器的旅客和残疾旅客等，民航安检机构可以对其实施非公开检查。检查一般由两名以上与旅客同性别的民航安全检查员实施。

第三十六条　对有下列情形的，民航安检机构应当实施从严检查措施：

（一）经过人身检查复查后仍有疑点的；

（二）试图逃避安全检查的；

（三）旅客有其他可疑情形，正常检查无法排除疑点的。

从严检查措施应当由两名以上与旅客同性别的民航安全检查员在特别检查室实施。

第三十七条　旅客的随身行李物品应当经过民航行李安检设备检查。发现可疑物品时，民航安检机构应当实施开箱包检查等措施，排除疑点后方可放行。对没有疑点的随身行李物品可以实施开箱包抽查。实施开箱包检查时，旅客应当在场并确认箱包归属。

第三十八条　旅客的托运行李应当经过民航行李安检设备检查。发现可疑物品时，民航安检机构应当实施开箱包检查等措施，排除疑点后方可放行。对没有疑点的托运行李可以实施开箱包抽查。实施开箱包检查时旅客应当在场并确认箱包归属，但是公共航空运输企业与旅客有特殊约定的除外。

第三十九条　根据国家有关法律法规和民航危险品运输管理规定等相关要求，属于经公共航空运输企业批准方能作为随身行李物品或者托运行李运输的特殊物品，旅客凭公共航空运输企业同意承运证明，经安全检查确认安全后放行。

公共航空运输企业应当向旅客通告特殊物品目录及批准程序，并与民航安检机构明确特殊物品批准和信息传递程序。

第四十条　对液体、凝胶、气溶胶等液态物品的安全检查，按照民航局规定执行。

第四十一条　对禁止旅客随身携带但可以托运的物品，民航安检机构应当告知旅客可作为行李托运、自行处置或者暂存处理。

对于旅客提出需要暂存的物品，民用运输机场管理机构应当为其提供暂存服务。暂存物品的存放期限不超过30天。

民用运输机场管理机构应当提供条件，保管或处理旅客在民航安检工作中暂存、自弃、遗留的物品。

第四十二条　对来自境外，且在境内民用运输机场过站或中转的旅客及其行李物品，民航安检机构应当实施安全检查。但与中国签订互认航空安保标准条款的除外。

第四十三条　对来自境内，且在境内民用运输机场过站或中转的旅客及其行李物品，民航安检机构不再实施安全检查。但旅客及其行李物品离开候机隔离区或与未经安全检查的人员、物品相混或者接触的除外。

第四十四条　经过安全检查的旅客进入候机隔离区以前，民航安检机构应当对候机隔离区实施清场，实施民用运输机场控制区24小时持续安保管制的机场除外。

第三节　航空货物、航空邮件的安全检查

第四十五条　航空货物应当依照民航局规定，经过安全检查或者采取其他安全措施。

第四十六条　对航空货物实施安全检查前，航空货物托运人、航空货运销售代理人应当提交航空货物安检申报清单和经公共航空运输企业或者其地面服务代理人审核的航空货运单等民航局规定的航空货物运输文件资料。

第四十七条　航空货物应当依照航空货物安检要求通过民航货物安检设备检查。检查无疑点的，民航安检机构应当加注验讫标识放行。

第四十八条　对通过民航货物安检设备检查有疑点、图像不清或者图像显示与申报不符的航空货物，民航安检机构应当采取开箱包检查等措施，排除疑点后加注验讫标识放行。无法排除疑点的，应当加注退运标识作退运处理。

开箱包检查时，托运人或者其代理人应当在场。

第四十九条　对单体超大、超重等无法通过航空货物安检设备检查的航空货物，装入航空器前应当采取隔离停放至少24小时安全措施，并实施爆炸物探测检查。

第五十条　对航空邮件实施安全检查前，邮政企业应当提交经公共航空运输企业或其地面服务代理人审核的邮包路单和详细邮件品名、数量清单等文件资料或者电子数据。

第五十一条　航空邮件应当依照航空邮件安检要求通过民航货物安检设备检查，检查无疑点的，民航安检机构应当加注验讫标识放行。

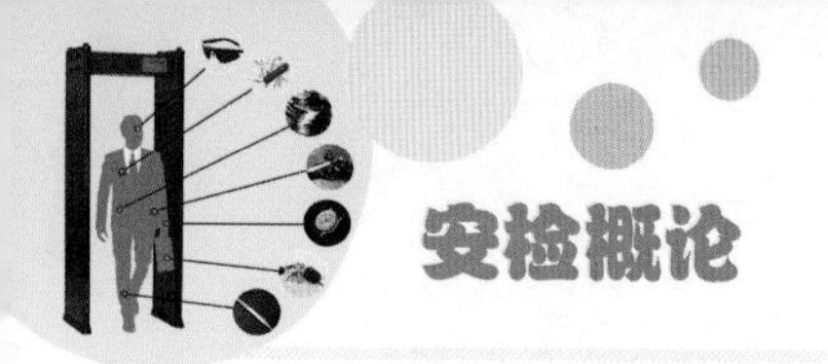

第五十二条　航空邮件通过民航货物安检设备检查有疑点、图像不清或者图像显示与申报不符的，民航安检机构应当会同邮政企业采取开箱包检查等措施，排除疑点后加注验讫标识放行。无法开箱包检查或无法排除疑点的，应当加注退运标识退回邮政企业。

第四节　其他人员、物品及车辆的安全检查

第五十三条　进入民用运输机场控制区的其他人员、物品及车辆，应当接受安全检查。拒绝接受安全检查的，不得进入民用运输机场控制区。

对其他人员及物品的安全检查方法与程序应当与对旅客及行李物品检查方法和程序一致，有特殊规定的除外。

第五十四条　对进入民用运输机场控制区的工作人员，民航安检机构应当核查民用运输机场控制区通行证件，并对其人身及携带物品进行安全检查。

第五十五条　对进入民用运输机场控制区的车辆，民航安检机构应当核查民用运输机场控制区车辆通行证件，并对其车身、车底及车上所载物品进行安全检查。

第五十六条　对进入民用运输机场控制区的工具、物料或者器材，民航安检机构应当根据相关单位提交的工具、物料或者器材清单进行安全检查、核对和登记，带出时予以核销。工具、物料和器材含有民航禁止运输物品或限制运输物品的，民航安检机构应当要求其同时提供民用运输机场管理机构同意证明。

第五十七条　执行飞行任务的机组人员进入民用运输机场控制区的，民航安检机构应当核查其民航空勤通行证件和民航局规定的其他文件，并对其人身及物品进行安全检查。

第五十八条　对进入民用运输机场控制区的民用航空监察员，民航安检机构应当核查其民航行政机关颁发的通行证并对其人身及物品进行安全检查。

第五十九条　对进入民用运输机场控制区的航空配餐和机上供应品，民航安检机构应当核查车厢是否锁闭，签封是否完好，签封编号与运输台账记录是否一致。必要时可以进行随机抽查。

第六十条　民用运输机场管理机构应当对进入民用运输机场控制区的商品进行安全备案并进行监督检查，防止进入民用运输机场控制区内的商品含有危害民用航空安全的物品。

对进入民用运输机场控制区的商品，民航安检机构应当核对商品清单和民用运输机场商品安全备案目录一致，并对其进行安全检查。

第六章　民航安检工作特殊情况处置

第六十一条　民航安检机构应当依照本机构突发事件处置预案，定期实施演练。

第六十二条　已经安全检查的人员、行李、物品与未经安全检查的人员、行李、物品不得相混或接触。如发生相混或接触，民用运输机场管理机构应当采取以下措施：

（一）对民用运输机场控制区相关区域进行清场和检查；

（二）对相关出港旅客及其随身行李物品再次安全检查；

（三）如旅客已进入航空器，应当对航空器客舱进行航空器安保检查。

第六十三条　有下列情形之一的，民航安检机构应当报告公安机关：

（一）使用伪造、变造的乘机身份证件或者乘机凭证的；

（二）冒用他人乘机身份证件或者乘机凭证的；

（三）随身携带或者托运属于国家法律法规规定的危险品、违禁品、管制物品的；

（四）随身携带或者托运本条第三项规定以外民航禁止运输、限制运输物品，经民航安检机构发现提示仍拒不改正，扰乱秩序的；

（五）在行李物品中隐匿携带本条第三项规定以外民航禁止运输、限制运输物品，扰乱秩序的；

（六）伪造、变造、冒用危险品航空运输条件鉴定报告或者使用伪造、变造的危险品航空运输条件鉴定报告的；

（七）伪报品名运输或者在航空货物中夹带危险品、违禁品、管制物品的；

（八）在航空邮件中隐匿、夹带运输危险品、违禁品、管制物品的；

（九）故意散播虚假非法干扰信息的；

（十）对民航安检工作现场及民航安检工作进行拍照、摄像，经民航安检机构警示拒不改正的；

（十一）逃避安全检查或者殴打辱骂民航安全检查员或者其他妨碍民航安检工作正常开展，扰乱民航安检工作现场秩序的；

（十二）清场、航空器安保检查、航空器安保搜查中发现可疑人员或者物品的；

（十三）发现民用机场公安机关布控的犯罪嫌疑人的；

（十四）其他危害民用航空安全或者违反治安管理行为的。

第六十四条　有下列情形之一的，民航安检机构应当采取紧急处置措施，并立即报告公安机关：

（一）发现爆炸物品、爆炸装置或者其他重大危险源的；

（二）冲闯、堵塞民航安检通道或者民用运输机场控制区安检道口的；

（三）在民航安检工作现场向民用运输机场控制区内传递物品的；

（四）破坏、损毁、占用民航安检设备设施、场地的；

（五）其他威胁民用航空安全，需要采取紧急处置措施行为的。

第六十五条　有下列情形之一的，民航安检机构应当报告有关部门处理：

（一）发现涉嫌走私人员或者物品的；

（二）发现违规运输航空货物的；

（三）发现不属于公安机关管理的危险品、违禁品、管制物品的。

第六十六条　威胁增加时，民航安检机构应当按照威胁等级管理办法的有关规定调整安全检查措施。

第六十七条　民航安检机构应当根据本机构实际情况，与相关单位建立健全应急信息传递及报告工作程序，并建立记录。

第七章　监督检查

第六十八条　民航行政机关及民用航空监察员依法对民航安检工作实施监督检查，行使以下职权：

（一）审查并持续监督民航安检机构的运行条件符合民航局有关规定；

（二）制定民航安检工作年度监督检查计划，并依据监督检查计划开展监督检查工作；

（三）进入民航安检机构及其设立单位进行检查，调阅有关资料，向有关单位和人员了解情况；

（四）对检查中发现的问题，当场予以纠正或者规定限期改正；对依法应当给予行政处罚的行为，依法作出行政处罚决定；

（五）对检查中发现的安全隐患，规定有关单位及时处理，对重大安全隐患实施挂牌督办；

（六）对有根据认为不符合国家标准或者行业标准的设施、设备予以查封或者扣押，并依法作出处理决定；

（七）依法对民航安检机构及其设立单位的主要负责人、直接责任人进行行政约见或者警示性谈话。

第六十九条　民航安检机构及其设立单位应当积极配合民航行政机关依法履行监督检查职责，不得拒绝、阻挠。对民航行政机关依法作出的监督检查书面记录，被检查单位负责人应当签字，拒绝签字的，民用航空监察员应当将情况记录在案，并向民航行政机关报告。

第七十条　民航行政机关应当建立民航安检工作违法违规行为信息库，如实记录民航安检机构及其设立单位的违法行为信息。对违法行为情节严重的单位，应当纳入行业安全评价体系，并通报其上级政府主管部门。

第七十一条　民航行政机关应当建立民航安检工作奖励制度，对保障空防安全、地面安全以及在突发事件处置、应急救援等方面有突出贡献的集体和个人，按贡献给予不同级别的奖励。

第七十二条　民航行政机关应当建立举报制度，公开举报电话、信箱或者电子邮件地址，受理并负责调查民航安检工作违法违规行为的举报。

任何单位和个人发现民航安检机构运行存在安全隐患或者未按照规定实施民航安检工作的，有权向民航行政机关报告或者举报。

民航行政机关应当依照国家有关奖励办法，对报告重大安全隐患或者举报民航安检工作违法违规行为的有功人员，给予奖励。

第八章　法律责任

第七十三条　违反本规则第十条规定，民用运输机场管理机构设立的民航安检机构运行条件不符合本规则要求的，由民航行政机关责令民用运输机场限期改正；逾期不改正的或者经改正仍不符合要求的，由民航行政机关依据《民用机场管理条例》第六十八条对民用运输机场作出限制使用的决定，情节严重的，吊销民用运输机场使用许可证。

第七十四条　民航安检机构设立单位的决策机构、主要负责人不能保证民航安检机构正常运行所必需资金投入，致使民航安检机构不具备运行条件的，由民航行政机关依据《中华人民共和国安全生产法》第九十条责令限期改正，提供必需的资金；逾期未改正的，责令停产停业整顿。

第七十五条　有下列情形之一的，由民航行政机关依据《中华人民共和国安全生产法》第九十四条责令民航安检机构设立单位改正，可以处五万元以下的罚款；逾期未改正的，责令停产停业整顿，并处五万元以上十万元以下的罚款，对其直接负责的主管人员和其他直接责任人员处一万元以上二万元以下的罚款：

（一）违反第十二条规定，未按要求开展培训工作或者未如实记录民航安检培训情况的；

（二）违反第十四、十五条规定，民航安全检查员未按要求经过培训并具备岗位要求的理论和技能水平，上岗执勤的；

（三）违反第二十四条规定，人员未按要求经过培训，从事民航安检设备使用验收检测、定期检测工作的；

（四）违反第六十一条规定，未按要求制定突发事件处置预案或者未定期实施演练的。

第七十六条　有下列情形之一的，由民航行政机关依据《中华人民共和国安全生产法》第九十六条责令民航安检机构设立单位限期改正，可以处五万元以下的罚款；逾期未改正的，处五万元以上二十万元以下的罚款，对其直接负责的主管人员和其他直接责任人员处一万元以上二万元以下的罚款；情节严重的，责令停产停业整顿：

（一）违反第二十一、二十二条规定，民航安检设备的安装、使用、检测、改造不符合国家标准或者行业标准的；

（二）违反本规则第二十二条规定，使用定期检测不合格的民航安检设备的；

（三）违反第二十二条规定，未按要求对民航安检设备进行使用验收、维护、定期检测的。

第七十七条　违反本规则有关规定，民航安检机构或者民航安检机构设立单位未采取措施消除安全隐患的，由民航行政机关依据《中华人民共和国安全生产法》第九十九条责令民航安检机构设立单位立即消除或者限期消除；民航安检机构设立单位拒不执行的，责令停产停业整顿，并处十万元以上五十万元以下的罚款，对其直接负责的主管人员和其他直接责任人员处二万元以上五万元以下的罚款。

第七十八条　违反本规则第六十九条规定，民航安检机构或者民航安检机构设立单位拒绝、阻碍民航行政机关依法开展监督检查的，由民航行政机关依据《中华人民共和国安全生产法》第一百零五条责令改正；拒不改正的，处二万元以上二十万元以下的罚款；对其直接负责的主管人员和其他直接责任人员处一万元以上二万元以下的罚款。

第七十九条　有下列情形之一的，由民航行政机关责令民航安检机构设立单位限期改正，处一万元以下的罚款；逾期未改正的，处一万元以上三万元以下的罚款：

（一）违反第八条规定，未设置专门的民航安检机构的；

（二）违反第十二条规定，未依法制定或者实施民航安检工作质量控制管理制度或者未如实记录质量控制工作情况的；

（三）违反第十三条规定，未根据实际适时调整民航安检工作运行管理手册的；

（四）违反第十四条第二款规定，未及时调离不适合继续从事民航安检工作人员的；

（五）违反第十八条规定，X 射线安检仪操作检查员工作时间制度不符合要求的；

（六）违反第十九、二十条规定，未依法提供劳动健康保护的；

（七）违反第二十三条规定，未按规定上报民航安检设备信息的；

（八）违反第二十五条规定，未按照民航安检工作运行管理手册组织实施民航安检工作的；

（九）违反第二十八条规定，未在民航安检工作现场设置禁止拍照、摄像警示标识的；

（十）违反第六十二、六十三、六十四、六十五、六十六条规定，未按要求采取民航安检工作特殊情况处置措施的；

（十一）违反第六十七条规定，未按要求建立或者运行应急信息传递及报告程序或者未按要求记录应急信息的。

第八十条　违反第二十六条规定，公共航空运输企业、民用运输机场管理机构未按要求宣传、告知民航安检工作规定的，由民航行政机关责令限期改正，处一万元以下的罚款；逾期未改正的，处一万元以上三万元以下的罚款。

第八十一条　违反第三十九条第二款规定，公共航空运输企业未按要求向旅客通告特殊物品目录及批准程序或者未按要求与民航安检机构建立特殊物品和信息传递程序的，由民航行政机关责令限期改正，处一万元以下的罚款；逾期未改正的，处一万元以上三万元以下的罚款。

第八十二条　有下列情形之一的，由民航行政机关责令民用运输机场管理机构限期改正，可以处一万元以上三万元以下的罚款；逾期未改正的，处一万元以上三万元以下的罚款：

（一）违反第四十一条第二款规定，民用运输机场管理机构未按要求为旅客提供暂存服务的；

（二）违反第四十一条第三款规定，民用运输机场管理机构未按要求提供条件，保管或者处理旅客暂存、自弃、遗留物品的；

（三）违反第六十条第一款规定，民用运输机场管理机构未按要求履行监督检查管理职责的。

第八十三条　有下列情形之一的，由民航安检机构予以纠正，民航安检机构不履行职责的，由民航行政机关责令改正，并处一万元以上三万元以下的罚款：

（一）违反第十六条规定，民航安全检查员执勤时着装或者佩戴标志不符合要求的；

（二）违反第十七条规定，民航安全检查员执勤时从事与民航安检工作无关活动的；

（三）违反第五章第二、三、四节规定，民航安全检查员不服从管理，违反规章制度或者操作规程的。

第八十四条　有下列情形之一的，由民航行政机关的上级部门或者监察机关责令改正，并根据情节对直接负责的主管人员和其他直接责任人员依法给予处分：

（一）违反第十一条规定，未按要求审核民航安检机构运行条件或者提供虚假审核意见的；

（二）违反第六十八条规定，未按要求有效履行监督检查职能的；

（三）违反第七十条规定，未按要求建立民航安检工作违法违规行为信息库的；

（四）违反第七十一条规定，未按要求建立或者运行民航安检工作奖励制度的；

（五）违反第七十二条规定，未按要求建立或者运行民航安检工作违法违规行为举报制度的。

第八十五条　民航安检机构设立单位及民航安全检查员违规开展民航安检工作，造成安全事故的，按照国家有关规定追究相关单位和责任人员的法律责任。

第八十六条　违反本规则有关规定，行为构成犯罪的，依法追究刑事责任。

第八十七条　违反本规则有关规定，行为涉及民事权利义务纠纷的，依照民事权利义务法律法规处理。

第九章　附则

第八十八条　本规则下列用语定义：

（一）“民用运输机场”，是指为从事旅客、货物运输等公共航空运输活动的民用航空器提供起飞、降落等服务的机场。包括民航运输机场和军民合用机场的民用部分。

（二）“民用航空安全检查工作”，是指对进入民用运输机场控制区的旅客及其行李物品，其他人员、车辆及物品和航空货物、航空邮件等进行安全检查的活动。

（三）“航空货物”，是指除航空邮件、凭“客票及行李票”运输的行李、航空危险品外，已由或者将由民用航空运输的物品，包括普通货物、特种货物、航空快件、凭航空货运单运输的行李等。

（四）“航空邮件”，是指邮政企业通过航空运输方式寄递的信件、包裹等。

（五）“民航安全检查员”，是指持有民航安全检查员国家职业资格证书并从事民航安检工作的人员。

（六）“民航安检现场值班领导岗位管理人员”，是指在民航安检工作现场，负责民航安检勤务实施管理和应急处置管理工作的岗位。民航安检工作现场包括旅客人身及随身行李物品安全检查工作现场、托运行李安全检查工作现场、航空货邮安全检查工作现场、其他人员安全检查工作现场及民用运输机场控制区道口安全检查工作现场等。

（七）“旅客”，是指经公共航空运输企业同意在民用航空器上载运的除机组成员以外的任何人。

（八）“其他人员”，是指除旅客以外的，因工作需要，经安全检查进入机场控制区或者民用航空器的人员，包括但不限于机组成员、工作人员、民用航空监察员等。

（九）“行李物品”，是指旅客在旅行中为了穿着、使用、舒适或者方便的需要而携带的物品和其他个人财物。包括随身行李物品、托运行李。

（十）“随身行李物品”，是指经公共航空运输企业同意，由旅客自行负责照管的行李和自行携带的零星小件物品。

（十一）“托运行李”，是指旅客交由公共航空运输企业负责照管和运输并填开行李票的行李。

（十二）“液态物品”，包括液体、凝胶、气溶胶等形态的液态物品。其包括但不限于水和其他饮料、汤品、糖浆、炖品、酱汁、酱膏；盖浇食品或汤类食品；油膏、乳液、化妆品和油类；香水；喷剂；发胶和沐浴胶等凝胶；剃须泡沫、其他泡沫和除臭剂等高压罐装物品（例如气溶胶）；牙膏等膏状物品；凝固体合剂；睫毛膏；唇彩或唇膏；或室温下稠度类似的任何其他物品。

（十三）“重大危险源”，是指具有严重破坏能力且必须立即采取防范措施的物质。

（十四）“航空器安保检查”，是指对旅客可能已经进入的航空器内部的检查和对货舱的检查，目的在于发现可疑物品、武器、爆炸物或其他装置、物品和物质。

（十五）“航空器安保搜查”，是指对航空器内部和外部进行彻底检查，目的在于发现可疑物品、武器、爆炸物或其他危险装置、物品和物质。

第八十九条　危险品航空运输按照民航局危险品航空运输有关规定执行。

第九十条　在民用运输机场运行的公务航空运输活动的安全检查，由民航局另行规定。

第九十一条　在民用运输机场控制区以外区域进行的安全检查活动，参照本规则有关规定执行。

第九十二条　本规则自2017年1月1日起施行。1999年6月1日起施行的《中国民用航空安全检查规则》（民航总局令第85号）同时废止。

3.《城市轨道交通运营管理规定》（中华人民共和国交通运输部令2018年第8号）的相关规定

第三十六条　禁止乘客携带有毒、有害、易燃、易爆、放射性、腐蚀性以及其他可能危及人身和财产安全的危险物品进站、乘车。运营单位应当按规定在车站醒目位置公示城市轨道交通禁止、限制携带物品目录。

该法条明确规定了乘客的义务，以及城市轨道交通运营单位的权利和责任，是城市轨道交通安检工作的法律依据。

三、地方相关法律法规

1. 北京市大型社会活动安全检查办法

第一条　为了规范本市大型社会活动的安全检查，维护公共安全和公共秩序，保护参加大型社会活动组织和个人的合法权益，根据有关法律、法规，结合本市实际情况，制定本办法。

第二条　在本市行政区域内经公安机关安全许可的大型社会活动的安全检查及其管理，适用本办法。

本办法所称安全检查，是指对进入大型社会活动场所的人员、车辆和物品进行的专业性检查。

本办法所称大型社会活动（以下简称大型活动），是指主办者面向社会公众举办的文艺演出、体育比赛、展览展销、招聘会、庙会、灯会、游园会等大型群众性活动。

第三条　经公安机关安全许可的大型活动，应当由主办者按照本办法规定组织实施安全检查。

市和区、县人民政府决定举办的纪念、庆典等大型活动的安全检查，由公安机关负责组织实施。

第四条　公安机关负责对大型活动主办者组织实施的安全检查进行监督管理，履行下列职责：

（一）根据大型活动场所、规模、内容等实际情况，制定安全检查操作规范；

（二）指派工作人员对安全检查进行现场指导和监督；

（三）查处安全检查中的违法犯罪行为，处置危害公共安全的突发事件。

第五条　大型活动主办者组织实施安全检查应当遵守下列规定：

（一）按照安全检查规定制定安全检查方案和突发事件处置预案；

（二）配备专业的安全检查人员；

（三）配备安全有效的安全检查仪器和设备；

（四）划定安全检查通道和区域，设置相应标识，对安全检查区域实行封闭管理；

（五）为乘坐轮椅、安装假肢或者体内植入医疗器械等有特殊情况的人员，设置专门的安全检查通道和场所；

（六）接受公安机关现场工作人员的指导、检查和监督。

第六条　大型活动主办者符合第五条规定的，可以自行实施安全检查；不符合规定的，应当聘请具有相应资质的单位实施安全检查。

大型活动主办者聘请具有相应资质的单位实施安全检查的，应当与其签订安全检查服务合同，明确双方的安全责任。

第七条　大型活动主办者申请大型活动安全许可时，应当向公安机关提交安全检查方案和其他相关材料。

第八条　大型活动场所提供者应当根据安全检查方案，提供必要的安全检查场所和通道，在安全检查区域按规定设置图像信息采集系统并保存图像资料。

第九条　禁止携带下列物品进入大型活动场所：

（一）爆炸性、毒害性、放射性等危险物质；

（二）枪支、弹药、匕首等管制器具；

（三）毒品、淫秽等违禁物品；

（四）危害国家利益、公共安全或者可能影响大型活动秩序的其他物品。

第十条　大型活动主办者对携带物品有限制性要求的，应当在申请大型活动安全许可时向公安机关备案，在售（发）票时向社会公告，并在入场票证上注明。

未向公安机关备案并向社会公告的物品，大型活动主办者和安全检查人员不得限制受检查人携带。

大型活动主办者已经向公安机关备案并公告限制携带的物品，不得在大型活动场所内销售。

第十一条　大型活动主办者应当就近设置物品寄存处，方便参加大型活动的人员临时寄存物品。

第十二条　安全检查人员实施安全检查时，应当遵守下列规定：

（一）按照规定着装，佩戴工作证件；

（二）文明礼貌，尊重受检查人；

（三）严格执行安全检查操作规范；

（四）不得损坏受检查人携带的合法物品；

（五）发现受检查人携带限制携带的物品的，告知受检查人将物品寄存或者自行处置；

（六）发现不能排除疑点的物品、禁止携带的物品和违法犯罪行为立即向现场公安机关工作人员报告。

第十三条　受检查人拒绝接受安全检查或者坚持携带限制携带的物品的，安全检查人员有权拒绝其进入大型活动场所。

第十四条　参加大型活动的人员应当遵守下列规定：

（一）接受、配合安全检查，不得扰乱安全检查秩序；

（二）在安全线以外排队等候，依次接受安全检查；

（三）经检查发现可疑物品的，自行取出接受检查；

（四）车辆接受安全检查时应当熄火，驾驶员和乘车人应当下车接受安全检查；

（五）人员、物品和车辆离开活动场所后再次进入时，应当重新接受安全检查。

第十五条　大型活动主办者违反本办法第三条第一款规定，不组织实施安全检查的，由公安机关责令改正，并处5万元以上10万元以下罚款；未按照本办法第五条、第六条规定组织实施安全检查的，由公安机关责令改正，可以并处1万元以上5万元以下罚款。

大型活动主办者违反本办法第十条第一款规定的，由公安机关责令改正，可以并处5 000元以上3万元以下罚款。

第十六条　安全检查人员违反本办法第十二条第（一）、（三）、（六）项规定之一的，由公安机关责令改正，并对安全检查实施单位处1 000元以上5 000元以下罚款。

第十七条　参加大型活动的人员有违反本办法第十四条规定行为的，由公安机关给予批评教育；有扰乱公共秩序、妨害公共安全行为的，公安机关可以将其强行带离现场，依法给予治安管理处罚；构成犯罪的，依法追究刑事责任。

第十八条　对违反本办法的行为，其他法律、法规、规章已经规定了行政处罚的，由有关行政机关依法处理。

第十九条　本办法自2008年3月1日起施行。

2. 上海市轨道交通运营安全管理办法

第一章　总则

第一条（目的和依据）

为加强本市轨道交通运营安全管理，保障运营安全，维护乘客的合法权益，根据《中华人民共和国安全生产法》和《上海市轨道交通管理条例》（以下简称《条例》）等有关法律、法规的规定，结合本市实际情况，制定本办法。

第二条（适用范围）

本办法适用于本市轨道交通的运营安全保障及其相关管理活动。

第三条（监管部门）

市安全生产监督行政管理部门依照国家有关规定，对轨道交通运营安全实施综合监督管理。

市交通行政管理部门依照本办法负责职责范围内的轨道交通运营安全监督管理。

市发展改革、建设、公安等行政管理部门及各区（县）人民政府按照各自职责，协同实施本办法。

第四条（轨道交通企业）

轨道交通企业应当做好其运营范围内轨道交通运营安全的日常管理工作，并建立轨道交通运营安全控制体系，制定运营安全规章制度，落实安全责任，保证轨道交通运营安全。

第二章　安全设施与保护区管理

第五条（建设单位的运营安全要求）

轨道交通企业在进行工程项目建设时，应当同步建设轨道交通安全监测和施救保障系统，并确保系统功能符合运营安全的需要。

轨道交通工程竣工验收合格后，轨道交通企业应当将轨道交通线路竣工总平面布置图报市交通行政管理部门备案。

第六条（安全设施）

轨道交通企业应当按照国家和本市有关轨道交通安全设施、设备规范标准，在车站、车厢内设置以下安全设施、设备：

（一）报警、灭火、逃生、防汛、防爆、紧急疏散照明、应急通讯、应急诱导系统等应急设施、设备；

（二）安全、消防、人员疏散导向等标志；

（三）视频安全监控系统。

紧急情况下需要乘客操作的安全设施、设备，应当醒目地标明使用条件和操作方法。

第七条（设施维护和整改）

轨道交通企业应当对安全设施、设备进行日常维护和检测，并按照国家《地铁运营安全评价标准》的要求进行安全性评价，保证设施、设备的正常完好。

安全设施、设备规范标准发生变化的，轨道交通企业应当及时对安全设施、设备进行调整。

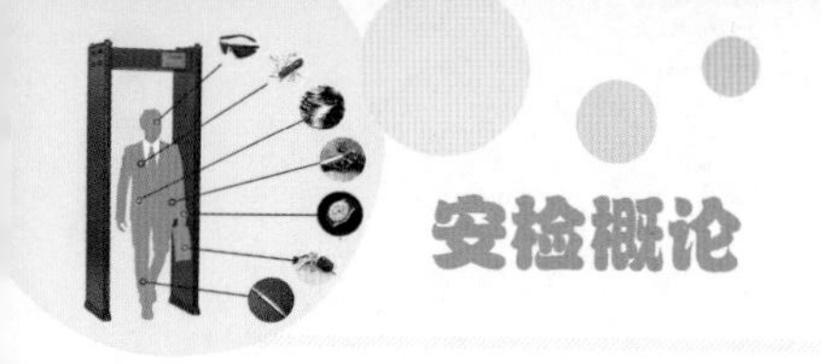

安全设施、设备无法满足运营安全实际需要的，轨道交通企业应当根据市交通行政管理部门的要求，及时对现有安全设施、设备进行整改。

第八条（安全保护区）

轨道交通工程建设项目立项后，市交通行政管理部门应当按照《条例》第三十七条的规定，划定轨道交通安全保护区的具体范围，并告知规划、房屋等相关行政管理部门。

在轨道交通安全保护区范围内进行《条例》第三十八条规定的作业内容的，规划、房屋等相关行政管理部门应当告知相关作业单位向市交通行政管理部门办理安全保护区审批手续。

第九条（安全保护区内的作业管理）

轨道交通工程建设项目取得施工许可证后，轨道交通企业应当对该轨道交通工程划定的轨道交通安全保护区实施安全管理。

作业单位应当按照经市交通行政管理部门审批同意的作业方案确定的时间进行施工，并采取相应的安全保护措施。作业单位未按照作业方案确定的施工期限开工的，应当重新向市交通行政管理部门办理作业方案的审批手续。

轨道交通企业应当对作业单位在轨道交通安全保护区内的施工制定安全监督方案，并对施工的安全性进行日常监督。

第十条（安全保护区外的施工管理）

在轨道交通安全保护区外进行建设工程施工，其工程施工机械可能跨越或者触及轨道交通地面车站、高架车站及其线路轨道的，施工单位应当采取必要的安全防护措施，不得影响轨道交通运营安全，并在施工前书面告知轨道交通企业。

轨道交通企业应当派员对施工现场进行安全检查。施工单位未采取安全防护措施或者施工过程中出现可能危及轨道交通运营安全情况的，轨道交通企业应当要求施工单位立即停止施工并采取相应的安全措施，同时报告市交通行政管理部门。

第三章　安全运营管理

第十一条（基本运营条件认定）

轨道交通工程竣工后需要投入试运营的，轨道交通企业应当向市交通行政管理部门申请基本运营条件认定，市交通行政管理部门应当在轨道交通企业提出申请后的 30 个工作日内，组织基本运营条件认定。

轨道交通工程符合基本运营条件的，经市交通行政管理部门报市人民政府批准后，可以投入试运营；不符合基本运营条件的，市交通行政管理部门应当将相关问题告知轨道交通企业，并要求其在规定的期限内整改。

本市轨道交通基本运营条件的具体规范，由市交通行政管理部门会同市发展改革、建设行政管理部门制定。

第十二条（从业要求）

轨道交通企业应当按照国家和本市有关规定对从业人员进行安全培训和考核，确保从业人员具备相应的轨道交通运营安全知识和管理能力。

轨道交通企业列车驾驶员应当进行不少于 5 000 公里驾驶里程的培训，经考核合格后持证上岗；调度员、行车值班员应当进行不少于 300 小时操作的培训，经考核合格后持证上岗。

第十三条（工作人员安全职责）

轨道交通企业车站工作人员应当履行下列职责：

（一）维护车站内秩序，引导乘客有序乘车；

（二）发生险情时，及时引导乘客疏散；

（三）劝阻、制止可能导致危险发生的行为，对劝阻、制止无效的，移送公安部门处理；

（四）发现事故隐患，及时报告。

轨道交通企业列车驾驶员应当履行下列职责：

（一）遵守列车驾驶安全操作规程；

（二）查看乘客上下列车情况，确保站台屏蔽门（安全隔离门）和列车车门安全开启和关闭。

第十四条（乘客要求）

乘客应当遵守《条例》以及《轨道交通乘客守则》中的各项乘车要求。

轨道交通企业应当加强对乘车秩序的管理。对违反前款规定的乘客，轨道交通企业可以拒绝其进站、乘车。乘客拒不接受的，轨道交通企业可以移送公安部门处理。

第十五条（安全检查）

禁止乘客携带易燃、易爆、有毒、有放射性、有腐蚀性以及其他有可能危及人身和财产安全的危险物品进站、乘车。具体危险物品目录和样式，由轨道交通企业按照规定，在车站内通过张贴、陈列等方式予以公告。

轨道交通企业应当按照有关规定和标准，在车站内设置安全检查设施、设备，配备受过专业培训的安全检查人员，并按照规定对乘客携带的物品进行安全检查。

乘客应当接受和配合安全检查；拒不接受、配合安全检查的，轨道交通企业应当拒绝其进站、乘车。

轨道交通企业在安全检查中发现有危险物品的，应当立即采取防止危险发生的安全措施，并按照规定及时报告公安部门。

安全检查人员实施安全检查时，应当佩戴安全检查证；未佩戴安全检查证实施检查的，乘客有权拒绝检查。

乘客以外的其他人员进站、乘车的，应当遵守本条规定。

第十六条（广告设施、商业网点的管理）

在车站内设置的广告设施和商业网点不得影响轨道交通运营安全。

除轨道交通车站规划布局方案确定设置的商业网点和设置在站台的自动售货机外，禁止在车站出入口、站台及通道设置商业网点。

轨道交通企业应当加强对广告设施、商业网点的安全检查。广告设施、商业网点使用的材质应当采用难燃材料，并符合消防法律、法规、规章和技术规范的规定。

除紧急情况外，广告设施、商业网点应当在轨道交通非运营期间进行设置或者维护。

第十七条（改扩建停运）

轨道交通进行改建、扩建或者设施改造，需要暂停轨道交通运营或者缩短运营时间的，轨道交通企业应当制订安全防护方案并报市交通行政管理部门备案。轨道交通企业应当在暂停轨道交通运营或者缩短运营时间10天前，通过车站及列车广播系统、告示以及媒体等方式向乘客履行告知义务。

轨道交通暂停运营或者缩短运营时间的，市交通行政管理部门应当做好安排和调度工作，确保乘客出行安全和便利。

第十八条（检查整改）

轨道交通企业应当加强对轨道交通运营安全的检查，及时消除运营安全隐患；难以及时消除的，轨道交通企业应当采取安全防护措施，并制订专项整改方案。

轨道交通企业应当将安全防护措施以及专项整改方案报市交通行政管理部门备案。

第十九条（委托管理）

轨道交通企业将涉及轨道交通运营安全的管理项目或者设施、设备委托给其他单位管理的，应当委托具有相应资质的单位。

轨道交通企业应当对运营安全工作进行统一协调，并承担安全责任。

第二十条（监督检查）

市安全生产监督、交通等相关行政管理部门应当依法对轨道交通运营安全情况实施监督检查。

市安全生产监督、交通等相关行政管理部门的执法人员实施检查时，应当将检查的时间、地点、内容、发现的问题及处理情况做好书面记录。

执法人员实施检查时，应当出示执法证件，不得影响轨道交通正常运营。

第四章　应急和事故处理

第二十一条（应急预案的编制）

市安全生产监督、交通、公安等行政管理部门应当按照有关法律、法规以及本市突发事件总体应急预案的规定，在各自职责范围内编制本部门的轨道交通突发事件应急预案，并报市政府批准。

轨道交通企业应当根据轨道交通突发事件应急预案，编制本单位的具体应急预案，并报市交通行政管理部门备案。

第二十二条（应急处置）

轨道交通发生突发事件达到启动应急预案条件的，市交通行政管理部门应当按照规定启动相关应急预案，相关行政管理部门和轨道交通企业应当按照国家、本市以及应急预案的有关规定处置突发事件。

突发事件处置完毕后，轨道交通企业应当对涉及的轨道交通设施、设备进行安全性检查，确保设施、设备保持完好。

第二十三条（事故处置）

轨道交通企业应当合理设置事故救援点和配备救援人员。

轨道交通运营发生安全事故的，轨道交通企业应当按照轨道交通运营安全事故处置的要求，立即组织抢救，减少人员伤亡和财产损失。

安全事故影响轨道交通运营的，轨道交通企业应当通过车站及列车广播系统、告示或者媒体等方式及时告知乘客相关运营信息，做好乘客的疏散、转移工作。相关行政管理部门应当按照各自职责，赶赴事故现场进行处置，尽快恢复轨道交通的正常运营。

本市轨道交通运营安全事故处置规定，由市交通行政管理部门负责制定。

第二十四条（限制客流量及停止运营）

发生轨道交通客流量激增等危及运营安全的情况时，轨道交通企业可以采取限制客流量的临时措施，确保运营安全。

采取限制客流量的措施无法保证运营安全时，轨道交通企业可以停止轨道交通部分区段或者全线的运营，并应当立即报告市交通行政管理部门。

轨道交通企业采取限制客流量或者停止运营措施的，应当同时通过车站及列车广播系统、告示或者媒体等方式向乘客履行告知义务；轨道交通无法及时恢复正常运营的，轨道交通企业应当为乘客出具延误证明，告知票款退还或者车票延期等注意事项，并做好乘客的疏散工作。

第二十五条（信息报告）

轨道交通运行发生15分钟以上延误情形的，轨道交通企业应当立即报告市交通行政管理部门，并在恢复运行后3日内将延误原因及处置情况书面报告市交通行政管理部门。

第五章　法律责任

第二十六条（对建设单位的处罚）

轨道交通企业违反本办法第五条第二款规定，未按照要求履行备案义务的，由市交通行政管理部门责令限期改正；逾期不改正的，处1 000元以上3 000元以下的罚款。

第二十七条（对运营单位的处罚）

对轨道交通企业违反本办法的行为，由市交通行政管理部门按照下列规定予以处罚：

（一）违反本办法第六条或者第二十三条第一款规定，未按照要求设置安全设施或者事故救援点及救援人员的，责令限期改正；逾期不改正的，处1万元以上3万元以下的罚款。

（二）违反本办法第十三条规定，未按照要求履行安全职责的，给予警告，并处3 000元以上1万元以下的罚款。

（三）违反本办法第十六条规定，未按照要求设置、维护广告设施、商业网点的，责令限期改正；逾期不改正的，处1万元以上3万元以下的罚款。

（四）违反本办法第十七条第一款或者第二十五条规定，未按照要求履行告知或者报告义务的，处1 000元以上3 000元以下的罚款。

（五）违反本办法第十八条第一款规定，未按照要求履行安全检查义务或者采取安全防护措施、制订专项整改方案的，处1万元以上3万元以下的罚款。

第二十八条（对施工单位的处罚）

施工单位违反本办法第十条第一款规定，未按照要求进行施工，影响轨道交通运营安全的，由市交通行政管理部门责令限期改正；逾期不改正的，处1万元以上5万元以下的罚款。

第二十九条（委托处罚）

市交通行政管理部门可以委托市交通行政执法机构实施本办法规定的由市交通行政管理部门实施的行政处罚。

第三十条（其他处罚）

违反本办法规定的行为，《条例》或者其他法律、法规已有处罚规定的，由相关行政管理部门依照其规定处罚。

第六章　附则

第三十一条（参照执行）

磁悬浮交通的运营安全管理，参照本办法执行。

第三十二条（施行日期）

本办法自2010年3月1日起施行。

3. 广东省大型群众性活动安全管理办法

第一章　总则

第一条　为了加强对大型群众性活动的安全管理，保护人民群众生命和财产安全，维护社会治安秩序和公共安全，根据《大型群众性活动安全管理条例》和有关法律、法规，结合本省实际，制定本办法。

第二条　本办法适用于在本省行政区域内举办大型群众性活动的安全管理。

本办法所称的大型群众性活动，是指法人或者其他组织面向社会公众举办的每场次预计参加人数达到1000人以上的下列活动：

（一）体育比赛活动；

（二）演唱会、音乐会、歌舞表演等文艺演出活动；

（三）展览、展销等活动；

（四）游园、灯会、庙会、花会、焰火晚会等活动；

（五）人才招聘会、现场开奖的彩票销售等活动。

影剧院、音乐厅、公园景区、娱乐场所、宾馆酒店等在其日常业务范围内举办的活动，不适用本办法的规定。

第三条　大型群众性活动安全管理应当遵循安全第一、预防为主的方针，坚持承办者负责、政府监管的原则，坚持社会化、市场化、专业化运作。

第四条　县级以上人民政府应当加强对大型群众性活动安全管理的领导，建立统筹协调工作机制，推进各部门之间的信息共享和执法联动。

第五条　县级以上人民政府公安机关负责大型群众性活动的安全监督管理工作。

县级以上人民政府建设、安全监管、卫生、食品安全监督管理、城市管理行政执法等部门按照各自职责，负责大型群众性活动的有关安全监督管理工作。

第六条　各级人民政府应当采取多种形式，加强与大型群众性活动有关的法律法规和安全知识的宣传，增强公民安全意识和安全防范能力。

第七条　鼓励与大型群众性活动有关的行业协会加强行业自律，制定行业规范和技术标准，开展安全教育培训，监督成员单位履行安全职责。

第二章　安全责任

第八条　大型群众性活动的承办者对其承办活动的安全负责，其主要负责人是活动安全责任人。

承办者有 2 个或者 2 个以上的，应当明确牵头单位以及各方的责任。

县级以上人民政府委托有关部门或者其他法人、组织承办活动的，受委托方为承办者。

第九条　大型群众性活动的承办者应当履行下列安全责任：

（一）制定、落实安全工作方案和安全责任制度，确定安全责任人，明确安全措施、安全工作人员岗位职责，开展安全宣传教育。

（二）组织落实活动现场安全检查，及时整改和消除安全隐患。

（三）保障临时搭建的设施、建筑物的安全。

（四）按照公安机关的要求，配备安全检查设备，对参加活动的人员、物品和车辆进行安全检查。

（五）活动有票证的，按照公安机关核准的人员安全容量、划定的区域发放或者出售票证；活动无票证的，按照核准的人员安全容量控制人数。

（六）通过新闻媒体、宣传海报、票证背书、现场广播等形式，向参加活动人员宣传告知交通管制、现场秩序、票务、安全检查等方面的规定和要求。

（七）制定处置突发事件应急预案。

（八）落实医疗救护、食品安全、灭火、紧急疏散等应急救援措施，预防拥挤踩踏事故，并提前组织演练。

（九）维护活动现场秩序，对妨碍活动安全的行为及时予以制止，发现违法犯罪行为及时向公安机关报告。

（十）配备专业保安人员以及其他与活动安全工作需要相适应的安全工作人员。

鼓励承办者根据活动的内容、规模、风险等情况，投保公众责任险等商业保险。

第十条　大型群众性活动的场所管理者应当履行下列安全责任：

（一）保障活动场所、设施符合国家安全标准和安全规定；

（二）向承办者提供场所人员安全容量、场地平面图、疏散通道、供水供电系统等涉及场所安全的资料、证明；

（三）保障疏散通道、安全出口、消防车通道、消防设施、应急广播、应急照明、疏散指示标志等设施、设备符合法律、法规和技术标准的规定；

（四）根据活动安全需要设置必要的安全缓冲通道、区域和安全检查设备、设施，配合开展安全检查；

（五）保障活动现场以及周边监控设备配备齐全、完好有效，并保存活动监控录像资料30日以上；

（六）做好场所工作人员安全教育培训和管理工作；

（七）活动期间发生火灾、爆炸、拥挤踩踏等突发事件时，协助承办者做好人员紧急疏散和秩序维护工作。

第十一条　参加大型群众性活动的人员应当遵守下列规定：

（一）遵守法律、法规和社会公德，不得妨碍社会治安、危害公共安全、影响社会秩序；

（二）遵守活动现场治安、消防等安全管理制度，自觉接受安全检查，不得携带爆炸性、易燃性、放射性、毒害性、腐蚀性等危险物品，不得非法携带枪支、弹药、管制器具；

（三）不得携带和展示侮辱性标语、条幅等物品，不得投掷杂物，不得围攻活动组织者、参与者以及其他人员；

（四）遵守安全注意事项，服从现场工作人员管理。

第十二条　大型群众性活动的安全工作人员应当熟悉安全工作方案和处置突发事件应急预案内容，熟练使用应急处置、消防等器材，熟知安全入口和疏散通道的位置，掌握本岗位应急救援措施。

第十三条　提供大型群众性活动安全服务的保安服务公司应当加强专业保安人员培训，提供符合规定标准的保安服务。

保安服务公司不得同时承担同一活动的安全风险评估工作。

第十四条　公安机关应当履行下列职责：

（一）受理、审核承办者提交的大型群众性活动安全许可申请，并组织查验现场，实施安全许可；

（二）指导、监督承办者制定活动安全工作方案，制定活动安全监督方案和处置突发事件应急预案；

（三）在活动举办前，组织开展现场安全检查，发现安全隐患及时责令整改；

（四）在活动举办过程中，监督检查安全工作落实情况，发现安全隐患及时责令整改；

（五）指导对安全工作人员的安全教育培训；

（六）依法查处活动中的违法犯罪行为，处置危害社会治安秩序和公共安全的突发事件。

第三章　安全许可

第十五条　大型群众性活动依法实行安全许可制度。

举办大型群众性活动应当符合下列条件：

（一）承办者是依照法定程序成立的法人或者其他组织；

（二）活动内容和形式不得违反法律、法规的规定，不得损害国家利益、社会公共利益以及其他组织和个人的合法权益，不得违背社会道德风尚；

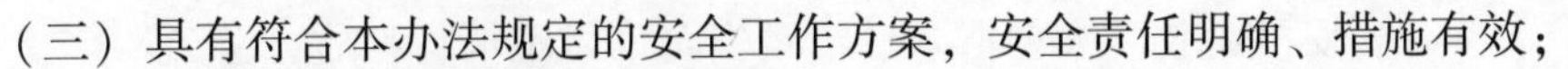

（三）具有符合本办法规定的安全工作方案，安全责任明确、措施有效；

（四）活动场地、设施符合安全要求。

第十六条　大型群众性活动的预计参加人数在1 000人以上5 000人以下的，由活动所在地的县级人民政府公安机关实施安全许可；预计参加人数在5 000人以上的，由活动所在地设区的市级人民政府公安机关实施安全许可。

在东莞市、中山市举办的大型群众性活动的预计参加人数在1 000人以上5 000人以下的，由活动所在地的市人民政府公安机关派出机构实施安全许可；预计参加人数在5 000人以上的，由活动所在地的市人民政府公安机关实施安全许可。

大型群众性活动预计参加人数，为预计售发票证或者组织观众数量与负责组织、协调、保障等工作的相关人员数量之和。

第十七条　大型群众性活动的承办者可以根据活动存在的风险因素和需要，委托安全风险评估机构开展安全风险评估，并根据安全风险评估报告，制定、落实相应等级的安全工作措施和应急处置预案。

第十八条　大型群众性活动的承办者应当自活动举办日的20日前向公安机关提出安全许可申请，并提交下列材料：

（一）《大型群众性活动安全许可申请表》。

（二）承办者合法成立的证明以及安全责任人的身份证明。

（三）活动方案及其说明。

（四）活动安全工作方案。

（五）场所管理者同意提供活动场所的协议或者证明；活动占用公共场所、道路的，还应当提供相关批准文件。

有2个或者2个以上承办者共同承办活动的，还应当提交明确各方权利义务的联合承办协议。

第十九条　大型群众性活动方案及其说明应当列明活动的时间、地点、内容、流程、参加人员数量、媒体记者、车辆停放安排、功能区域划分、现场平面图、观众座位图等情况。

第二十条　大型群众性活动安全工作方案应当包括下列内容：

（一）安全工作负责人、专业保安人员以及其他安全工作人员的数量、岗位设置、任务分配、识别标志；

（二）活动场所地理环境、建筑结构和面积（附图纸）、人员安全容量以及预计参加人数；

（三）治安缓冲区域、应急疏散通道、应急广播、应急照明、消防灭火、安全检查等设施、设备设置情况和标识；

（四）临时搭建设施、建筑物的基本情况；

（五）票证的样式、数量、防伪、查验等情况；

（六）安全工作后勤保障措施；

（七）应急救援预案。

第二十一条　公安机关收到大型群众性活动安全许可申请材料后，应当根据下列情况分别作出处理：

（一）申请材料存在可以当场更正的错误的，应当允许承办者当场更正；

（二）申请材料不齐全或者不符合法定形式的，应当当场或者在3日内一次告知承办者需要补正的全部内容；

（三）申请材料齐全、符合法定形式，或者承办者按照要求提交全部补正申请材料的，应当受理安全许可申请。

公安机关受理申请的，应当开具《大型群众性活动安全许可申请受理凭证》；不予受理申请的，应当告知承办者不予受理的理由，并开具《大型群众性活动安全许可申请不予受理决定书》。

第二十二条　公安机关应当对大型群众性活动安全许可申请材料进行审查，并指派两名以上工作人员对现场安全条件进行查验。

公安机关发现活动存在安全隐患的，应当当场一次告知承办者需要整改的内容和要求，承办者应当按照要求进行整改。

公安机关作出安全许可决定，依法需要听证、检验、检测、鉴定和专家评审的，所需时间不计算在安全许可期限内。

第二十三条　公安机关应当自受理大型群众性活动安全许可申请之日起7日内根据不同情况作出决定：

（一）符合安全条件的，作出准予许可的书面决定，颁发《大型群众性活动安全许可决定书》；

（二）不符合安全条件的，作出不予许可的书面决定，发出《大型群众性活动不予安全许可决定书》，说明理由，并告知承办者享有依法申请行政复议或者提起行政诉讼的权利。

公安机关应当将准予许可或者不予许可的书面决定抄送上一级公安机关，并通报有关主管部门。

第二十四条　大型群众性活动的承办者申请年度内在相同地点举行相同内容的多场次活动，公安机关可以采取一次性许可的方式对各场次活动准予安全许可。公安机关以及有关主管部门应当依法对各场次活动实施安全监管。

第二十五条　大型群众性活动有下列情形之一的，公安机关不予安全许可：

（一）不符合大型群众性活动举办条件的；

（二）存在的安全隐患经整改仍然不能消除的；

（三）影响政务、外事、军事或者其他重大活动的；

（四）严重妨碍道路交通安全秩序和社会治安秩序的。

第二十六条　大型群众性活动的承办者变更活动时间的，应当自原定举办日之前5日内向作出许可决定的公安机关提出书面变更申请，经公安机关同意方可变更。

承办者变更活动地点、内容以及扩大活动举办规模的，应当重新申请安全许可。

承办者取消举办活动的，应当自原定举办日之前5日内书面告知作出许可决定的公安机关，并交回公安机关颁发的准予举办活动的安全许可证件。

承办者变更、取消已向社会公布的活动的，应当向社会公告，告知活动参加人员，妥善处理善后事宜。

第二十七条 大型群众性活动安全许可决定所依据的客观情况发生重大变化时，为了公共利益的需要，作出安全许可的公安机关可以变更或者撤回已经生效的安全许可，并应当在24小时内书面告知承办者以及有关单位。由此给承办者造成财产损失的，公安机关应当依法给予补偿。

第四章 监督检查

第二十八条 大型群众性活动的承办者应当按照安全许可确定的时间、地点、内容、规模以及安全工作方案组织开展活动，不得擅自变更活动的时间、地点、内容或者扩大活动的举办规模，不得将活动委托或者转让给他人举办。

第二十九条 公安机关作出大型群众性活动安全许可决定后，应当在活动举办前对安全工作方案落实情况进行实地检查，填写《大型群众性活动安全检查记录》，记录安全检查的情况和处理结果，并分别由公安机关检查人员和被检查人签字归档。

公安机关可以会同建设、安全监管、交通、质监等有关主管部门进行安全检查。

第三十条 公安机关发现大型群众性活动的安全条件与承办者申请安全许可时的安全条件不一致，存在安全隐患的，应当提出整改意见，开具《大型群众性活动责令整改通知书》，责令承办者、场所管理者等限期整改。

第三十一条 公安机关和有关主管部门应当建立大型群众性活动监督管理档案，记录日常监督检查、违法行为查处等情况。对有不良信用记录的承办者举办的活动应当重点检查，增加监督检查频次。

第三十二条 大型群众性活动的承办者不得超过公安机关核准的人员安全容量发放或者出售票证。

第三十三条 大型群众性活动的人员安全容量按照下列规定核准：

（一）在设固定座位的场所举办活动，按照固定座位的有效座位比例核准人员安全容量；

（二）在无固定座位的场所举办活动，按照场所有效使用面积人均不少于1平方米核准人员安全容量。

前款所称的有效座位数，是指总座位数扣除公共设施占用座位、不能直视现场座位、监管执勤座位等后的座位数；前款所称的有效使用面积，是指场所总面积扣除临时搭建物、公共设施、疏散通道、缓冲区域等面积后的面积。

举办演唱会、歌舞表演等活动，需要临时搭建座椅的，其座位数量应当计算在人员安全容量内，并符合有关安全标准。

第三十四条 大型群众性活动的承办者发现进入活动场所的人员达到核准安全容量时，应当立即停止人员进场，采取疏导应急措施；发现持有假票的，应当拒绝其入场并向活动现场的公安机关工作人员报告。

第三十五条 举办大型群众性活动需要搭建临时设施、建筑物的，承办者应当委托有资质的单位设计、施工。设计、施工单位应当按照有关标准和规范设计、搭建和拆除临时设施、建筑物，确保临时设施、建筑物的安全。

临时设施、建筑物搭建工作应当在活动举办的12小时前完成。

第三十六条　大型群众性活动举办时，公安机关应当根据安全需要组织相应警力，监督承办者、场所管理者等落实安全工作措施，维护活动现场周边的治安、交通秩序，预防和处置突发治安事件，查处违法犯罪行为。

第三十七条　公安机关可以根据公共安全的需要，对大型群众性活动场所以及进入场所的人员、车辆、物品进行安全检查。

实施安全检查的公安机关工作人员不得从事与安全检查无关的活动，不得侵犯受检查人的合法权益。

第三十八条　大型群众性活动在举办过程中，公安机关发现有下列情形之一的，可以现场责令立即停止举办活动：

（一）现场出现重大安全隐患，不立即停止可能发生安全事故的；

（二）现场秩序混乱，对人身和财产安全构成严重威胁的；

（三）其他可能危害社会秩序和公共安全的紧急情形。

第三十九条　公安机关、其他主管部门及其工作人员不得向大型群众性活动的承办者提出与安全监管无关的要求，不得指定安全风险评估机构或者保安服务公司，不得索取、收受承办者、场所管理者等的财物或者谋取其他利益。

第四十条　大型群众性活动举办过程中发生公共安全事故、治安案件的，承办者应当立即启动应急救援预案，采取应急救援措施，并立即报告公安机关。场所管理者以及其他有关单位、人员应当予以配合。

第五章　法律责任

第四十一条　大型群众性活动的承办者违反本办法第三十条规定，拒不整改安全隐患的，由公安机关责令停止举办活动，并对承办者处3万元以上5万元以下罚款。

第四十二条　大型群众性活动的承办者超过公安机关核准的人员安全容量向社会发放或者出售票证的，由公安机关责令改正，处3万元以上5万元以下罚款。

第四十三条　提供大型群众性活动安全服务的保安服务公司同时承担同一活动的安全风险评估工作的，由公安机关责令改正，处1万元以上5万元以下罚款，并对直接负责的主管人员和其他直接责任人员处5 000元罚款；有违法所得的，没收违法所得；给他人造成损失的，依法承担赔偿责任。

第四十四条　公安机关、其他主管部门及其工作人员在履行大型群众性活动安全监督管理职责中，有下列行为之一的，由任免机关或者监察机关依法对负有责任的领导人员和直接责任人员给予处分；涉嫌犯罪的，移送司法机关依法处理：

（一）向承办者、场所管理者提出与安全监管无关的要求；

（二）发现安全隐患不依法责令承办者、场所管理者及时整改；

（三）要求承办者委托指定的安全风险评估机构或者保安服务公司；

（四）索取、收受承办者、场所管理者等的财物或者谋取其他利益；

（五）利用职务关系从事与活动有关的经营活动；

（六）其他滥用职权、玩忽职守、徇私舞弊的行为。

第六章　附则

第四十五条　公民在公共场所自发进行人数在 1 000 人以上的下列活动，公共场所的经营单位或者管理单位应当维护现场秩序，防止发生突发事件；当活动现场聚集人数超过场所人员安全容量，可能或者已经危害公共安全的，公共场所的经营单位或者管理单位应当及时向公安机关报告，公安机关、其他主管部门应当参照本办法做好活动的安全管理工作：

（一）新春祈福、重阳登高、清明祭拜等传统民俗活动；

（二）其他重大节日的庆祝、庆典活动。

第四十六条　县级以上人民政府工作部门承办大型群众性活动的，应当按照《大型群众性活动安全管理条例》和本办法规定，向公安机关申请安全许可，履行安全管理职责，落实安全工作措施。

第四十七条　本办法自 2015 年 5 月 1 日起施行。

地方性安检规定通告示例如图 1－8 所示。

今日起安全检查需要您注意

为加强正常的社会治安秩序管理，保障G20杭州峰会顺利举行，根据相关法律规定，8月10日至9月6日，全省公安机关将在环浙入杭陆路、水路通道等地点设置公安检查站（点），对过往人员、物品和交通工具加强安全检查。

警方提醒，在遇到检查站时，要按照安全检查标识自觉进入安检通道，接受安全检查；带好身份证、驾驶证、行驶证等常规证件；严禁携带违禁物品；如遇排队拥堵等情况，请配合公安民警的疏导和指挥。同时，全省民用机场、车站、码头、地铁等公共交通经营、管理单位，将对进入的人员和携带的物品进行身份信息查验和安全检查。请您出行时预先作好安排，留出适当的时间，以免耽误您的行程。公安机关将尽力确保通行秩序。

邮政、快递等物流运营单位也将加大寄递人员和物品的查验力度，对拒绝实名验证或有违禁物品的将不予寄递。

图 1－8　地方性安检规定通告示例

四、企事业单位内部与安检工作相关的规章制度

有关企事业单位在国家、部门、行业、地方法律法规的基础上，还会制定本单位与安检工作相关的规章制度。这些规章制度是在法律的框架下，本单位制定的安检工作细则与办法。

企业安检规定宣传挂图示例如图 1－9 所示。

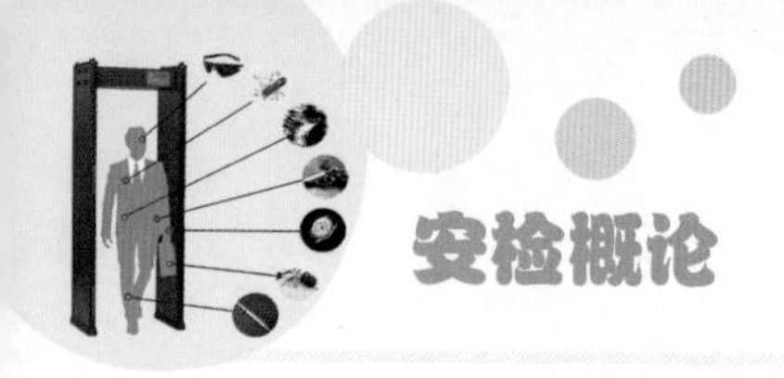

(a) 机场

(b) 地铁1

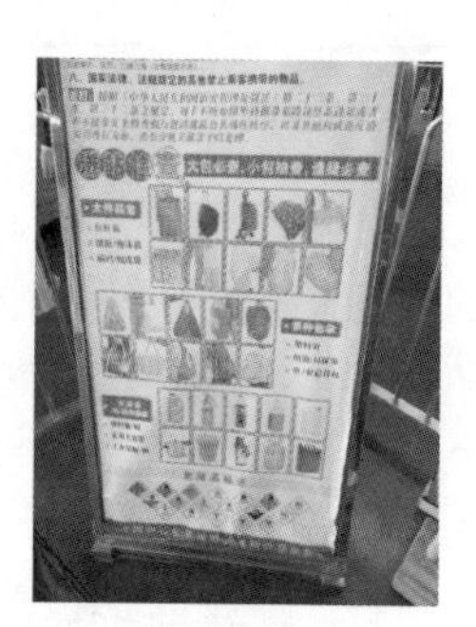

(c) 地铁2

图1-9　企业安检规定宣传挂图示例

五、安检法律法规的特点和作用

1. 安检法律法规的特点

安检法律法规是实施安全检查的法律依据，因此它具有规范性、强制性、专业性等特点。

1）规范性

安检工作是一项政策性很强的工作，处理问题时，需要有法律依据，不能随心所欲，更不能感情用事。安检法律法规的制定，使安检工作有法可依、有章可循。

2）强制性

安检法律法规是国家机关制定的，以国家权力为基础，凭借国家机关的强制力来保证实施的行为规则，其对公众有法律效力和约束力。

3）专业性

安检法律法规属于业务工作规则，它就安检专业工作的范围、方针、原则、处罚依据和处置措施等进行了规定，具有极强的专业性。

2. 安检法律法规的作用

安检法律法规是安检人员实施安全检查的法律依据，是安检人员依法行使检查权力、保护公众合法权益和社会稳定的重要武器，安检法律法规的作用，主要表现在以下方面。

1）法律规范作用

所谓法律规范，即国家机关制定或认可，由国家强制力保证实施的行为规则。法律规范是人们共同遵守的行为准则，它规定人们在一定条件下，可以做什么，禁止做什么，从而为人们的行为提供了一个标准和尺度。安检法律法规，就是从安全技术检查的角度，为安检人员和公众提供一个标准和尺度，从而保证社会安全。

2）业务指导作用

任何工作都必须由一定的理论和规范来指导，否则就要偏离方向，造成失误。安检工作是社会整体安全工作的重要组成部分，其业务性强，政策性强，因此在安检过程中，要不断教育安检人员，加强对安检法律法规的学习，把安检法律法规作为安检工作的行为准则。只有依法开展安检工作，依法进行严格的安全检查，依法处理安检工作中的问题，才能促进安检工作的合规、健康发展。

3）惩罚约束作用

安检法律法规的惩罚约束作用体现在：一方面，安检法律法规对公众具有约束力，不管公众愿不愿意，都必须接受安全检查，禁止携带违禁物品，违者将按照相关法律法规进行相应的处罚；另一方面，安检人员在行使安全检查权利时，被明确规定了安全检查的范围，在检查过程中查出违禁物品时，应根据有关规定处理。

安检法律法规的惩罚通报实例如图 1－10 所示。

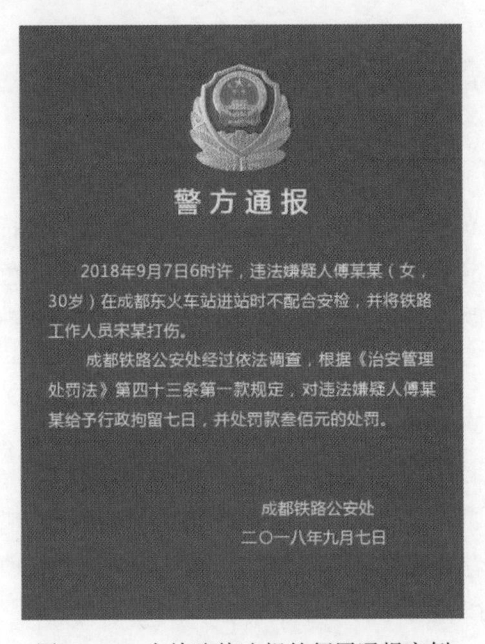

警方通报

2018年9月7日6时许，违法嫌疑人傅某某（女，30岁）在成都东火车站进站时不配合安检，并将铁路工作人员宋某打伤。

成都铁路公安处经过依法调查，根据《治安管理处罚法》第四十三条第一款规定，对违法嫌疑人傅某某给予行政拘留七日，并处罚款叁佰元的处罚。

成都铁路公安处
二〇一八年九月七日

图 1－10　安检法律法规的惩罚通报实例

第三节　安检人员职业道德

一、职业道德的含义

职业道德是人们在职业活动中应遵循的特定职业规范和行为准则，即处理职业内部、职业之间、职业与社会之间，人与人之间关系时应当遵循的思想和行为规范。它是一般社会道德在不同职业中的特殊表现形式。职业道德不仅是从业人员在职业活动中的行为标准和要求，而且是本行业对社会所承担的道德责任和义务。职业道德是社会道德在职业生活中的具体化。

二、职业道德的特点

职业道德的特点主要表现在四个方面。

1. 范围上的特殊性

职业道德是调整职业活动中各种关系的行为规范。社会职业千差万别，职业道德因行业而异，个性特征鲜明，每种职业在特定的范围内有其特殊的职业道德规范，各个具体的职业

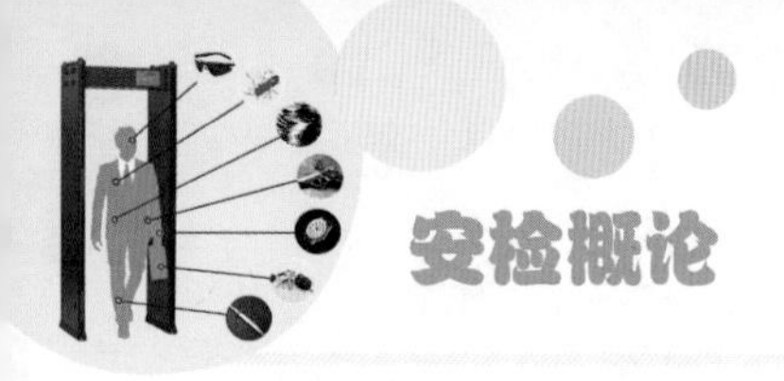

道德都从自己的职业要求出发，规范本职业人员的职业行为。不同行业职业道德的适用范围千差万别。例如，从安检行业看，安检人员的职业道德，主要是调节安检人员与受检人之间的职业道德关系。

2. 内容上的稳定性（或连续性）

职业道德与职业生活紧密相连，在长期的社会实践中形成了稳定的职业心理和世代相袭的职业传统习惯。

3. 形式上的多样性、具体性

职业道德的内容千差万别，各行各业从突出自身特点出发，采取具体、灵活、多样的表现形式，将职业道德的内容具体化、规范化、通俗化。

4. 强烈的纪律性

纪律也是一种行为规范，但它是介于法律与道德之间的一种特殊的规范。它既要求人们能够自觉遵守，又带有一定的强制性，就前者而言，它具有道德色彩；就后者而言，它又带有一定的法律色彩。一方面，遵守纪律是一种美德，另一方面，遵守纪律又带有强制性，是法令的要求。

三、安检人员职业道德规范

职业道德规范是职业道德的基本内核，它是人们在长期的职业劳动中反复积累，逐步形成的，也是社会对人们在职业劳动中必须遵守的基本行为准则的概括和提炼。职业道德教育的根本任务是提高受教育者的职业道德素养，调整其职业行为，使受教育者能够养成崇高的敬业精神、严明的职业纪律和高尚的职业荣誉感。

四、安检人员职业道德规范的基本要求

安检人员职业道德规范是社会主义职业道德在安检职业活动中的具体体现，既是安检人员处理好职业活动中各种关系的行为准则，也是评价安检人员职业行为好坏的标准。鉴于安检工作的特殊性，安检人员职业道德规范应首先从观念上解决好以下四个方面的问题。

1. 树立风险忧患意识

安全检查的根本职能是保障公众安全及公共场所安全，严防危害公共安全的非法行为的发生，严厉惩罚和打击犯罪行为，其责任重，要求高。进入 21 世纪，国内外针对公共场所的犯罪活动频发：2014 年 3 月 1 日，昆明火车站暴力恐怖案，死亡 29 人，伤 143 人；2013 年 6 月 7 日，厦门公交纵火案，死亡 47 人，伤 34 人；2011 年 4 月 11 日，白俄罗斯明斯克“十月”地铁站发生恐怖爆炸事件，造成至少 12 人死亡，204 人受伤；2010 年 3 月 29 日早晨，位于莫斯科市中心的两座地铁站接连发生爆炸事件，导致 38 人死亡和 102 人受伤；2009 年 6 月 5 日，成都公交车纵火案，死亡 27 人，伤 74 人；2005 年 7 月 7 日，伦敦地铁连环爆炸事件，伤亡 100 多人；2003 年 2 月 18 日发生在韩国大邱地铁的人为纵火灾难，造成至少 138 人死亡，99 人失踪；2011 年发生的“911 事件”，对美国民众造成的心理影响持续至今。这些恐怖破坏活动，危害极大，伤亡惨重，影响极坏，受到世界舆论的强烈谴责，众多国家相继采取严密的防范措施。恐怖袭击和极端暴力犯罪对公共场所的威胁越来越大，

每一位安检人员必须牢固树立安全忧患意识，坚决克服松懈、事不关己等心理障碍，保持高度警惕的精神状态，将各种不安全的隐患及时消灭在萌芽状态。

暴恐案现场如图 1－11 所示。

图 1－11 暴恐案现场

2. 强化安全责任意识

任何职业都承担着一定的职业责任，职业道德把忠实履行职业责任作为一条主要的规范，要求从业人员从认识上、情感上、信念上，以及习惯上养成忠于职业的自觉性，坚决谴责任何不负责任的态度和行为，对无视职业责任造成严重损失的，将受到法律制裁。安检的每一个岗位，都与公众的生命财产安全紧密相连，公共安全无小事，失之毫厘，差之千里。安全责任重于泰山，我们必须时刻保持清醒的头脑，正确分析安全形势，明确肩负的安全责任，做到人在岗位，心系安全，坚持安全检查的严格标准不松懈，操作安全检查设备一步不少，履行安检岗位职责一寸不退，确保安全工作万无一失，让社会公众放心。

安检人员强化安全责任意识如图 1－12 所示。

图 1－12 安检人员强化安全责任意识

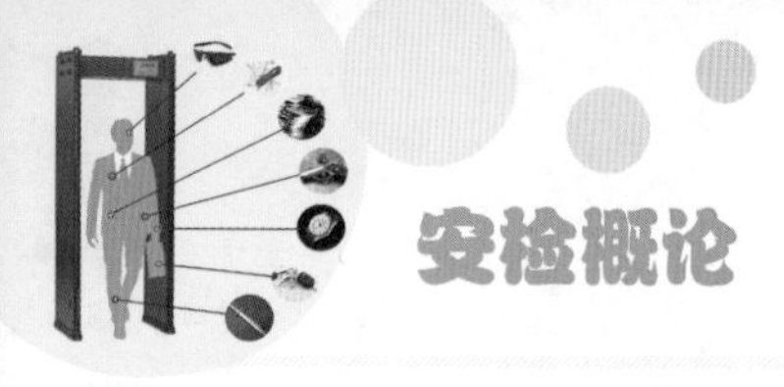

3. 培养文明服务意识

文明服务，是社会主义精神文明和职业道德的重要内容，也是社会主义国家人与人之间平等团结、互助友爱的新型人际关系的体现。安检工作既有检查的严肃性，又有服务的文明性。安检人员成年累月地与公众交往，一言一行不仅影响着业主单位的形象，也影响着所属安检部门（公司）的声誉，同时也是个人综合素质及个人形象的体现，是中华民族优良道德准则的传承。每个安检员都要自觉摆正安全检查与文明服务的关系，摆正个人形象与企业形象的关系，纠正粗鲁、生硬等不文明的检查行为，做到姿态美、行为美、语言美，规范文明服务，塑造安检队伍良好的文明形象。

安检人员文明服务如图 1－13 所示。

图 1－13　安检人员文明服务

4. 确立敬业奉献意识

安检职业的特点，要求我们必须把确保公共场所安全、公众人身和财产安全放在职业道德规范的首位，要求安检战线广大管理人员、安检人员有强烈的事业心，高度的责任感和精湛的专业技能，具有严格的组织纪律观念和高效率的工作作风，具有良好的思想修养和服务态度。从安检岗位所处的特殊环境看，安检人员要确立敬业奉献意识，必须正确对待三个考验。一是严峻的反恐防暴形势考验。安检队伍是在严峻的安保形势下产生和发展的，年复一年，日复一日地经受一次又一次的考验，要消除各种安全隐患，做好公共安全的第一道防护工作。二是任务繁重、岗位要求严格。安检人员长年累月地艰苦奋战在一线，起早贪黑，连续作战。三是个人利益得失的考验。在繁重的安检岗位上，个人家庭生活、身体状况会受到不同程度的影响，经济收入也不是非常高，紧张、艰苦的工作环境也容易引起思想波动。为了社会的整体利益，为了公众安全的万无一失，每个安检人员要在其位尽其责，经受考验，视公众安全为自己的生命，热爱安检岗位，乐于无私奉献，立足安检岗位建功立业。

安检人员辛勤工作如图 1－14 所示。

图 1-14 安检人员辛勤工作

五、安检人员职业道德规范的基本内容

安检人员职业道德规范的要求：在确保安全的前提下，以全心全意为人民服务为道德原则，把“严格作业标准，保证安全第一”落实在安检人员的职业行为中，树立敬业、勤业、乐业的良好道德风尚。根据安检工作的行业特点，安检职业道德规范的基本内容如下。

1. 爱岗敬业，忠于职守

“爱岗敬业，忠于职守”就是热爱本职工作，忠实地履行职业责任，这要求安检人员对本职工作恪尽职守，诚实劳动，在任何时候、任何情况下都能坚守岗位。

热爱本职工作，爱岗敬业是一种崇高的职业情感。所谓职业情感，就是人们对所从事的职业是好是恶，是倾慕还是鄙夷的情绪和态度。爱岗敬业表现为从业人员以正确的态度对待各种职业劳动，努力培养职业的幸福感、荣誉感。爱岗敬业是为人民服务的基本要求。一个人，一旦爱上了自己的职业，他的身心就会融合在职业活动中，就能在平凡的岗位，做出不平凡的事迹。

爱岗敬业，忠于职守是社会主义国家对每一个从业人员的起码要求。任何一种职业，都是社会主义建设所不可缺少的，都是为人民服务、为社会做贡献的岗位。无论做什么工作，也无论你是否喜欢这一职业，都必须尽职尽责地做好本职工作，这是因为，任何一种职业都承担着一定的职业责任，只有每一个劳动者履行了职业责任，整个社会生活才能有条不紊地进行。我们应当培养高度的职业责任感，以主人翁的态度对待自己的工作，从认识上、情感上、信念上、意志上，乃至习惯上养成“忠于职守”的自觉性。

“爱岗敬业，忠于职守”是安检人员最基本的职业道德，它的基本要求如下：一要忠实履行岗位职责，认真做好本职工作，安检人员要以忠诚于国家和人民为己任，认真履行自己的职业责任和职业义务。无论是进行人身检查还是行李物品检查，都要做到兢兢业业，忠于职守。二是要以主人翁的态度对待本职工作，树立事业心和责任感。安检工作是确保公共场

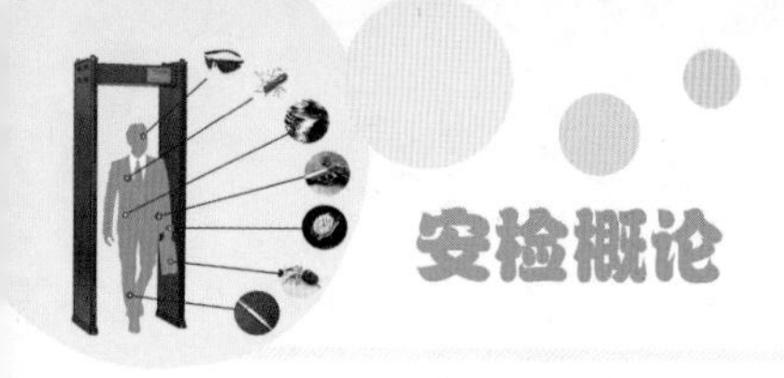

所安全，保障公众人身财产安全的第一道屏障，安检人员作为奋战在安全一线的保卫工作人员，应当主动为公共安全分忧，自觉为安检岗位操心，牢记“秉持真诚，服务大众”的服务宗旨，做好本职工作，严格查堵违禁品，严格检查可疑人员，一言一行向公众负责，为公共安全保驾护航。三是树立以苦为乐的幸福感。正确对待个人的物质利益和劳动报酬等问题，乐于为安检事业做贡献。

安检人员良好的精神面貌如图 1－15 所示。

(a)训练有素 (b)整齐列队 (c)步调一致 (d)体能过硬 (e)忠于职守 (f)朝气蓬勃

图 1－15　安检人员良好的精神面貌

2. 钻研业务，提高技能

职业技能是我们在职业活动中实现职业责任的能力和手段。它包括实际操作能力、处理业务能力、技术能力，以及相关的理论知识等。

“钻研业务、提高技能”是践行职业道德规范的重要内容。掌握职业技能，是完成工作任务，为公众服务的基本手段，这不仅关系到个人能力大小，知识水平高低，也直接关系到安检工作质量和服务质量，关系到公众的生命和财产安全。安检工作要求高，难度大，需要安检人员具备强烈的责任心，并具备灵敏的辨识能力。从安全检查的对象来看，受检者携带的行李物品各种各样，有的是一般生活用品，有的则可能是管制刀具、炸药、易燃易爆物品等违禁品。如何无误地从各种各样的物品中检查出违禁物品，仅靠责任心是不够的，还需要有较强的违禁品辨识能力等业务技能。提高安检人员业务技能，已成为一项迫在眉睫的关键任务。

安检人员提高业务技能应下功夫抓好三个基本功的训练。一是系统的安检基础理论学习，如相关的法律法规、安检设备工作原理、安检对象的心理、安检的程序、安检的方法等的学习。二是精湛的业务操作技能。无论是X射线安检机检查、各类爆炸物检测仪的检查、人身检查，还是开包检查，都是技巧性很强的工作，每个安检人员都应当努力做到一专多能，在技能上追求精益求精，努力成为优秀的安检工作人员。三是灵活的现场应急处置技能。安检现场是成千上万人员流动的场所，各种情况复杂多变，意想不到的突发问题随时可能出现，提高现场灵活的处理能力显得尤为重要。

安检人员钻研业务如图1－16所示。

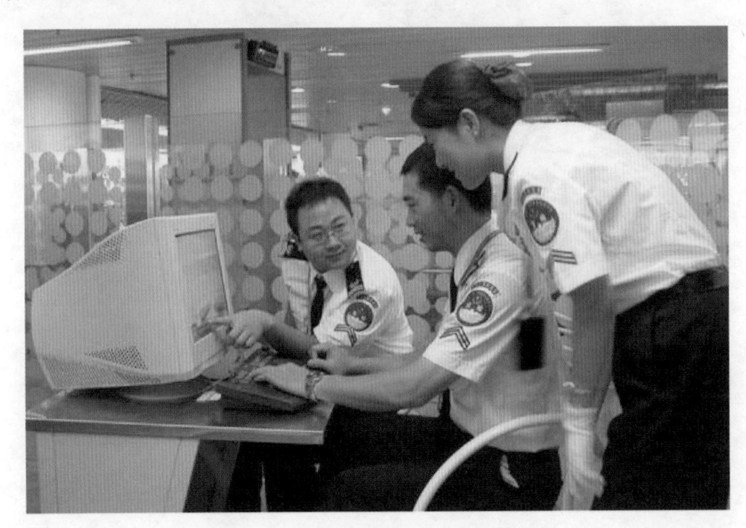

图1－16　安检人员钻研业务

3. 遵纪守法，严格检查

遵纪守法是指每个从业人员都要遵守职业活动涉及的相关法律法规。严格检查是安检人员的基本职责和行为准则。“遵纪守法，严格检查”的基本要求包括以下几点。一是要求安检人员在安检过程中，必须做到依法检查和按照规定的程序进行检查。相关法律法规，为安检工作提供了法律依据，也是安检工作步入法制化的契机。安检人员要克服盲目性和随意性的不良习惯，强化法律意识，吃透法律精神，严格依法实施安全检查。二是在实施安检的过程中，安检人员要做到一丝不苟，全神贯注，严把物品检查、人身检查、开包检查等各道关口，各个岗位之间要协调配合，将所有违禁品、嫌疑人员摸排出来。

安检人员严格检查如图1－17所示。

4. 文明执勤，热情服务

“文明执勤，热情服务”，是安检人员职业道德规范的重要内容，这充分反映了安检工作“秉持真诚，服务大众”的服务宗旨。安全检查的根本目的，就是为人民服务，为广大公众的安全服务，我们应通过文明的执勤方法，热情的服务形式，认真的服务态度，来实现这个根本目的。要真正做到文明执勤，必须从以下三方面着手。一是文明执勤必须端正服务态度。安检人员要以满腔热情对待工作，以主动、热情、诚恳、周到、宽容、耐心的服务态度对待公众，反对冷漠、麻木、高傲、粗鲁、野蛮的恶劣态度。二是要文明执勤，规范化服务。安检人员在执勤时要做到仪容整洁、举止端庄；站有站相、坐有坐相；说话和气，想公

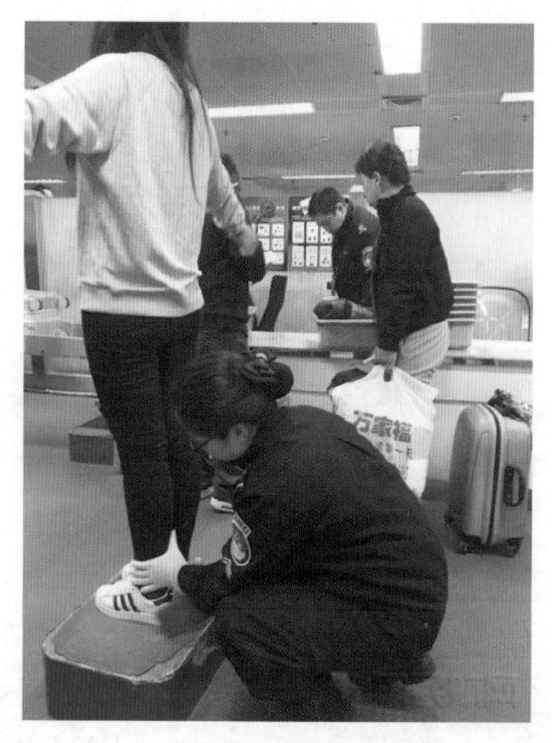

图 1－17　安检人员严格检查

众所想、忧公众所忧，树立公众至上的助人为乐的行业新风。三是必须摆正严格检查与文明服务的辩证统一关系，两者是紧密联系的整体。我们要用文明的执勤姿态、文明的执勤举止、文明的执勤语言和行为，努力塑造安检人员的文明形象，赢得公众的信赖和支持。

5. 团结友爱，协作配合

“团结友爱，协作配合”，是处理安检职业团队内部人与人之间，以及安检单位与协作单位之间关系的职业道德规范，是社会主义职业道德集体主义原则的具体体现，是建立平等友爱、互助协作的新型人际关系，增强团队整体合力的重要保证。

对安检这一特定的职业来说，只有搞好安检团队内部人与人之间的团结协作，加强与属地各单位的密切联系与协作配合，形成完善的联动机制，才能为公共安全铸造一道牢固的安全防线。我们讲团结协作，不是无原则的团结，而是真诚的团结，有规范的团结。在与属地管理部门协作配合的时候，应当认清以下几点。一是认清自身岗位职责与管辖范围。什么是自己应该做的，什么是需要由属地管理部门进行处理的，什么是需要与相关部门进行配合的，这些都需要一一明确，牢记在心，只有这样才能在做好本职工作的同时，配合属地管理部门做好其他各项工作，才能使各项工作有条不紊地推进。二是认清个人本位主义与集体主义的关系。在工作中，要反对本位主义等不良倾向，遇任何事情都应该站在全局角度上进行认识和处理，加强与不同岗位同事的协同配合，岗位联动，加强相关班组、相关环节的信息互通，协同配合。团结奋进不仅是精神状态问题，而且是团队的最终目标，通过团结形成强有力的整体，进而不断开拓进取。

安检人员协作配合如图 1－18 所示。

图 1－18 安检人员协作配合

六、安检人员培养职业道德规范的基本途径

1. 抓好职业理想信念的培养

安检人员良好的职业理想信念和职业道德境界，是职业道德养成的思想基础。要坚持用马克思主义道德观念和中国特色社会主义理论武装头脑，用科学的理论教育人，用正确的舆论引导人，用高尚的情操陶冶人，与腐朽消极的思想划清界限，自觉抵制错误观念的影响，梳理正确的职业理想和人生信念，把个人的人生观、价值观、幸福观与安检事业统一起来，为安检事业而奋斗。

2. 注重职业道德责任的锻炼

所谓职业道德责任，就是从业人员对社会、集体和服务对象所应承担的社会责任和义务。只有建立职业道德责任制，将安检人员职业道德规范落实到岗位，责任意识贯彻落实到安检工作全过程，形成层层落实的责任机制、步步到位的工作流程，职业道德规范才能逐步变成每个员工的自觉习惯，职业道德责任才能在每个员工的心中逐步扎根。

3. 加强职业纪律的培养

职业纪律是职业道德养成的必要手段，是保证职业道德成为人们行为规范的有效措施。职业道德靠社会舆论、内心信念、传统习惯来调整人与人、人与社会的关系，而职业纪律靠强制性手段让人们服从，其具有一定的社会约束力。建立一套严明的安检职业纪律约束机制，培养令行禁止的职业纪律，是加速安检人员职业道德养成的重要途径。对自觉遵守职业道德成效显著的人员要大张旗鼓地给予表彰，对职业道德严重错位失范，影响恶劣的人员，除进行必要教育引导外，视情节给予纪律处分，以充分发挥职业纪律的惩戒教育和强制约束作用。

4. 强化职业道德行为的修养

职业道德行为的修养，是指安检人员在安检实践活动中，按照职业道德基本原则和规范的要求，在个人道德品质方面自我锻炼、自我改造，形成高尚的道德品质和崇高的思想境界，将职业道德规范自觉转化为个人内心的要求和坚定的信念，形成良好的行为和习惯。每一位安检人员应自觉以职业道德规范来约束自己的言行，尤其是在别人看不到、听不到的无人监督情况下，仍要严格约束自己。

第二章　违禁品认知

- 违禁品的相关知识；
- 违禁品识别流程。

技能目标

- 学会识别违禁品；
- 学会正确处置受检人携带的违禁品。

第一节　违禁品分类

一、违禁品

违禁品是指易燃、易爆、有毒、有腐蚀性、有放射性，以及有可能危及公共场所安全和公众人身和财产安全的危险物品。各类反动的、有政治问题的、淫秽的图书、报纸、期刊、音像制品也属违禁品范畴。

根据有关规定，有 10 类 36 项数千种物品属禁止携带进入公共场合的危险物品，这些物品大多化学性质比较活跃，一旦遭遇明火、剧烈震动、摩擦等，极易引发火灾、爆炸事故，这 10 类物品介绍如下。

1. 爆炸品类

爆炸品类危险物品包括雷管、传爆助爆管、导爆索、导火索、火帽、引信、炸药、子弹、烟火制品（礼花、鞭炮、摔炮、拉炮等）、点火绳、发令纸等。

2. 氧化剂和有机过氧化物类

氧化剂和有机过氧化物类危险物品包括氯酸钠、高氯钾、漂粉精、硝酸铵化肥、过氧化氢（双氧水）、硝酸铵、氯酸钾等。

3. 压缩气体和液化气体类

压缩气体和液化气体类危险物品包括液化石油气、甲烷、乙烷、（压缩、液化的）丙烷、丁烷、煤气、氧气、氢气、打火机、微型煤气炉用贮气罐、气体杀虫剂等。

4. 自燃物品类

自燃物品类危险物品包括黄磷、硝化纤维胶片、油布及其制品等。

5. 易燃液体类

易燃液体类危险物品包括汽油、酒精、去光水、引擎开导液、鸡眼水、染皮鞋水、打字蜡纸改正液、强力胶、汽车门窗胶、橡胶水、脱漆剂、环氧树脂、油漆、香蕉水、皮革光亮剂、显影剂、印刷油墨、樟脑油、松节油、松香水、擦铜水、纽扣磨光剂、油画上光油、刹车油、防冻水、汽油、柴油、煤油。

6. 遇湿易燃物品类

遇湿易燃物品类危险物品包括金属钠、镁铝粉、电石等。

7. 易燃固体类

易燃固体类危险物品包括红磷、硫黄、火补胶、松香、铝粉、镁粉、火柴等。

8. 有毒害物品类

有毒害物品类危险物品包括砒霜、氢化钠、磷化锌、氰化物、砷、赛力散、灭鼠安(含各类鼠药)、敌百虫、敌敌畏、滴涕农药等杀虫剂、灭草松、敌稗等灭草剂。

9. 腐蚀性物品类

腐蚀性物品类危险物品包括硝酸、硫酸、盐酸、有液蓄电池、溴、过氧化氢、烧碱、苛性碱等。

10. 放射性物品类

放射性物品类危险物品包括夜光粉、发光剂、碘131、磷32、氧化铀、放射性同位素、独居石、沥青铀矿等。

二、各类危险物品的危险特性

1. 爆炸品

爆炸品是指在受热、撞击等外界作用下，能发生剧烈化学反应，瞬时产生大量气体和热量，使周围压力急剧上升而发生爆炸的物品。爆炸品还包括无整体爆炸危险，但具有燃烧、抛射及较小爆炸危险的物品；以及仅产生热、光、音响、烟雾等一种或几种作用的烟火物品。

常见的爆炸品如图2-1所示。

(a)烟花爆竹

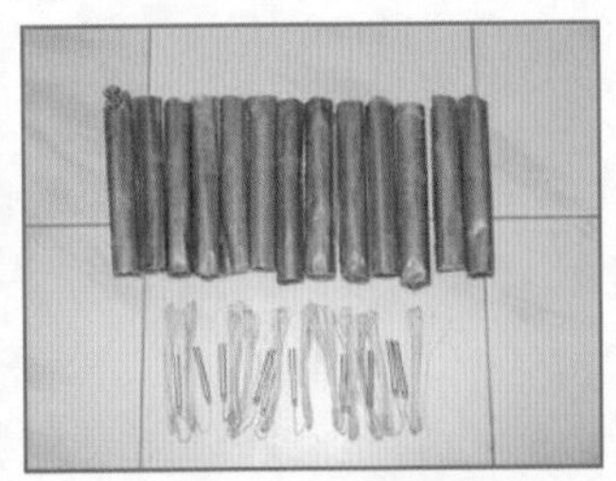
(b)雷管炸药

(c)导火索

图2-1 常见的爆炸品

2. 压缩气体和液化气体

压缩气体和液化气体指压缩、液化或加压溶解的气体，并应符合下述两种情况之一者。

(1) 临界温度低于50 ℃。或在50 ℃时，其蒸气压力大于294 kPa的压缩或液化气体。

(2) 温度在21.1 ℃时，气体的绝对压力大于275 kPa，或在54.4 ℃时，气体的绝对压力大于715 kPa的压缩气体；或在37.8 ℃时，雷德蒸气压力大于275 kPa的液化气体或加压溶解的气体。

压缩气体和液化气体按其物理性能可分为易燃气体、不燃气体、有毒气体3类。

压缩气体和液化气体的危险性主要表现在以下两个方面。

（1）容器破裂甚至爆炸的危险。

压缩气体和液化气体一般灌装在耐压容器中，由于受热、撞击等原因造成容器内压力急剧升高，或由于容器内壁被腐蚀，容器材料疲劳等原因使容器耐压强度下降，都会引起容器破裂或爆炸。

（2）由于气体物质本身的化学性质引起的危险。

有的压缩气体和液化气体易燃易爆，有的压缩气体和液化气体有毒，有的压缩气体和液化气体具有腐蚀性，一旦溢漏，因其本身的化学性质，可能引起火灾、爆炸、中毒、灼伤、冻伤等事故。即使化学性质不活泼的惰性气体和二氧化碳出现溢漏，也会引起窒息死亡。

常见的压缩气体和液化气体如图2－2所示。

(a)液化石油气

(b)打火机气体

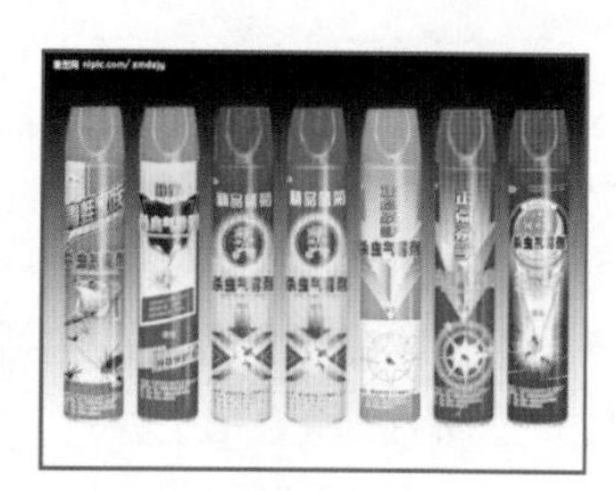
(c)气体杀虫剂

图2－2　常见的压缩气体和液化气体

3. 易燃液体

易燃液体指易燃的液体、液体混合物或含有固体物质的液体，但不包括由于其危险特性已列入其他类别的液体。易燃液体按其闪点分为3类：①闪点低于－18 ℃的低闪点液体；②闪点在－18 ℃至23 ℃之间的中闪点液体；③闪点在23 ℃至61 ℃之间的高闪点液体。

易燃液体的蒸气与空气混合到一定比例时，就形成爆炸性混合物，遇到火星即能引起燃烧或爆炸，而且易燃液体一般或多或少具有麻醉性和毒性，人体吸入可能会导致麻醉，甚至导致死亡。

常见的易燃液体如图2－3所示。

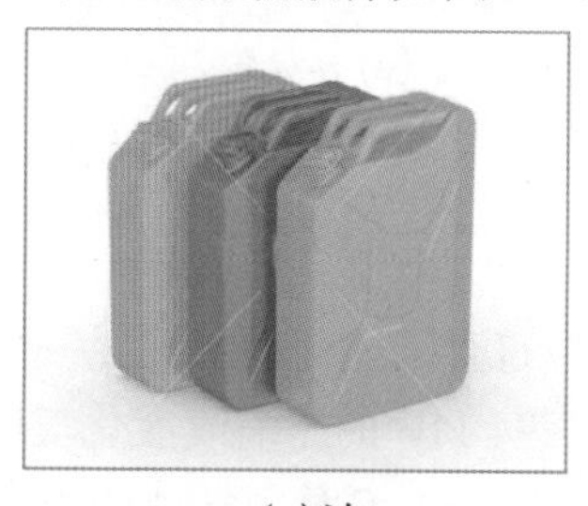
(a)油

(b)油漆

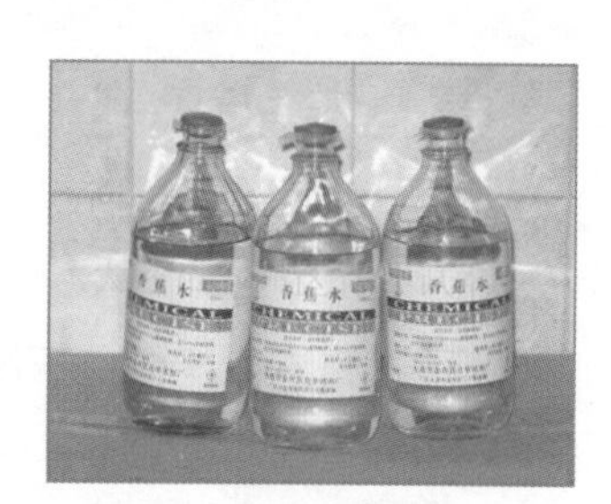

(c)香蕉水

图2－3　常见的易燃液体

4. 易燃固体

易燃固体指燃点低，对热、撞击、摩擦敏感，易被外部火源点燃，燃烧迅速，并可能散发出有毒烟雾或有毒气体的固体，但不包括已列入爆炸品的物品。

易燃固体如图 2 – 4 所示。

(a)硫黄

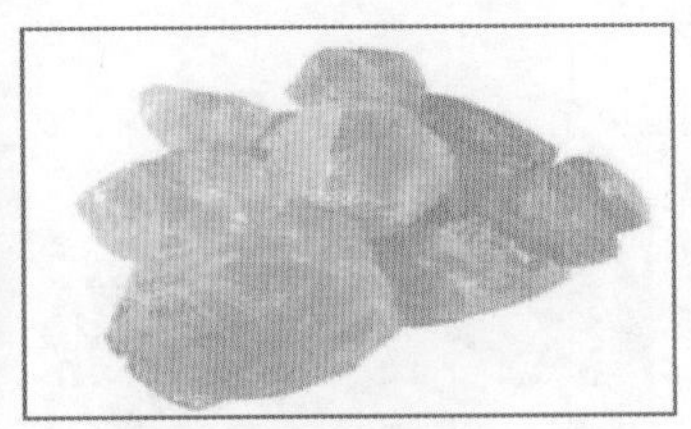

(b)松香

(c)火柴

图 2 – 4　易燃固体

5. 自燃物品

自燃物品指自燃点低，在空气中易发生氧化反应，释放出热量，而自行燃烧的物品。

自燃物品如图 2 – 5 所示。

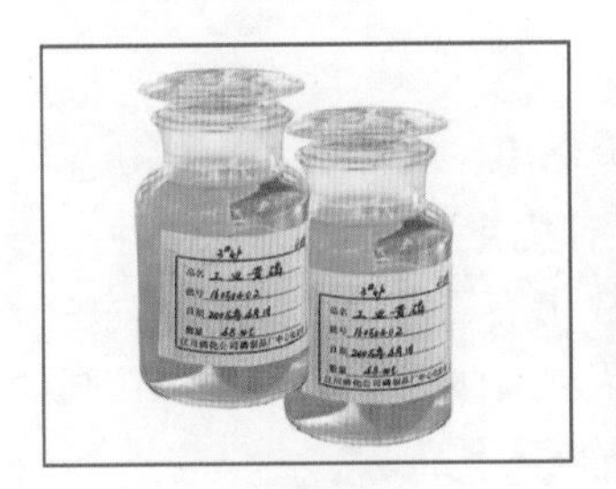

(a)黄磷

(b)硝化棉

(c)硝化纤维胶片

图 2 – 5　自燃物品

6. 遇湿易燃物品

遇湿易燃物品指遇水或受潮时，发生剧烈化学反应，释放出大量的易燃气体和热量的物品，有的遇湿易燃物品不需明火，即能燃烧或爆炸。

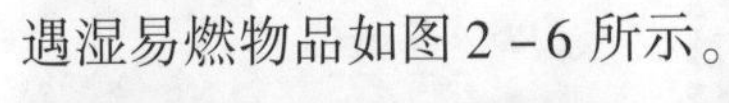

遇湿易燃物品如图 2 – 6 所示。

(a)金属钠

(b)镁铝粉

(c)电石

图 2 – 6　遇湿易燃物品

7. 氧化剂和有机过氧化物

氧化剂指处于高氧化状态、具有强氧化性，易分解并释放出氧和热量的物质，包括含有

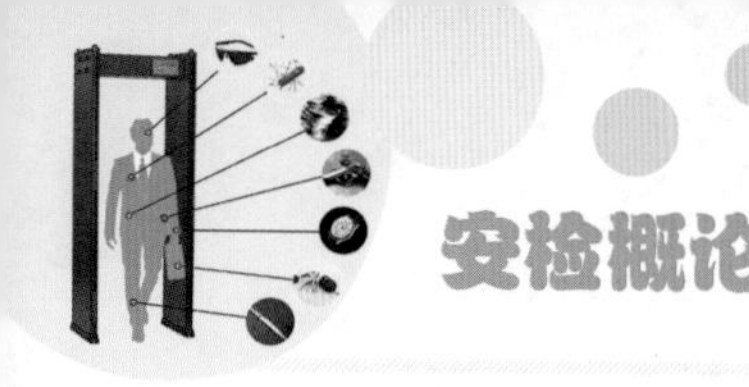

过氧基的无机物，其本身不一定可燃，但能导致可燃物的燃烧，与松软的粉末状可燃物能组成爆炸性混合物，对热、震动或摩擦较敏感，遇酸、碱，或遇潮湿、高热、摩擦、冲击，或与易燃物、有机物还原剂等接触，能发生分解并可能引起燃烧或爆炸。

有机过氧化物指分子组成中含有过氧基的有机物，其本身易燃、易爆。极易分解，对热、震动或摩擦极为敏感。

氧化剂和有机过氧化物如图 2－7 所示。

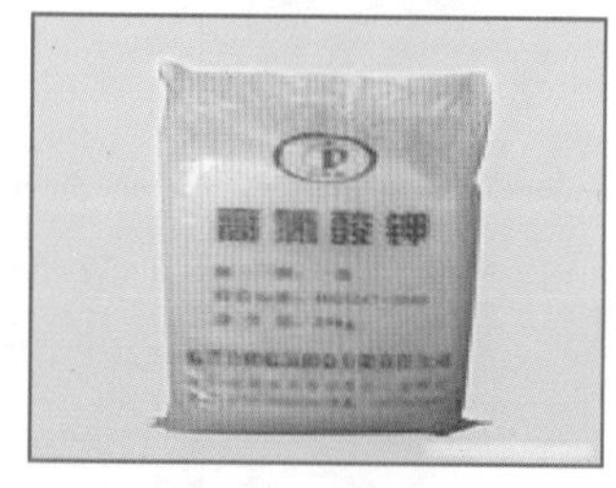

(a)高氯酸钠

(b)过氧化氢(双氧水)

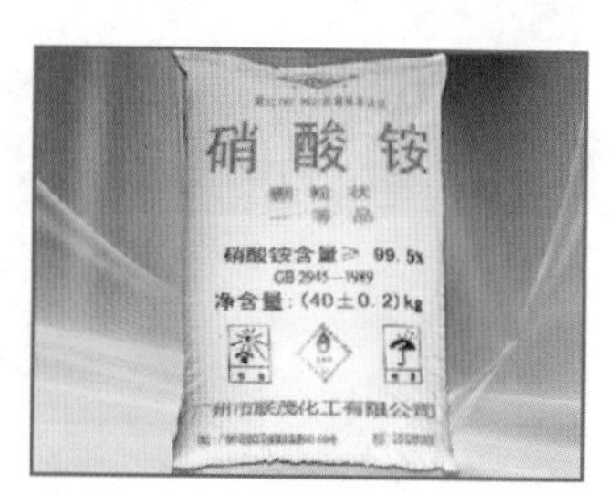

(c)硝酸铵

图 2－7　氧化剂和有机过氧化物

8. 毒害物品

毒害物品指少量侵入人体或接触皮肤，能与机体组织发生作用，破坏正常生理功能，引起机体产生暂时或永久性病变、中毒甚至死亡的物品，其中有机毒害品具有可燃性，遇明火、高热或与氧化剂接触会燃烧爆炸，毒害品燃烧时，又会放出有毒气体，加剧其危害性；氰化物遇酸或与水反应会放出剧毒的氰化氢气体。不少毒害品对人体和金属还具有较强的腐蚀性，强烈地刺激皮肤和黏膜，甚至导致溃疡，加速毒物经皮肤入侵人体。

毒害物品如图 2－8 所示。

(a)砒霜

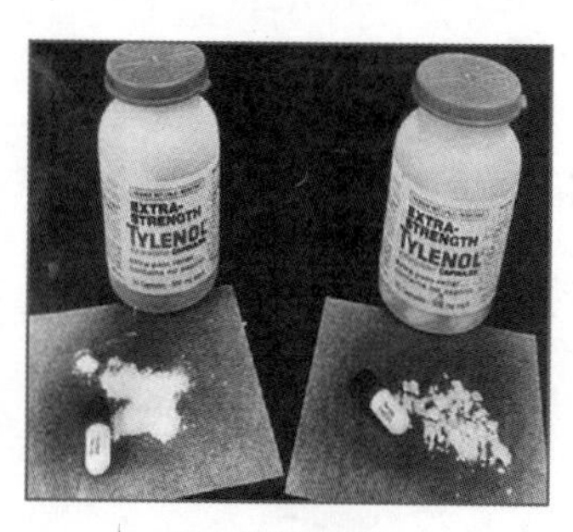

(b)氰化物

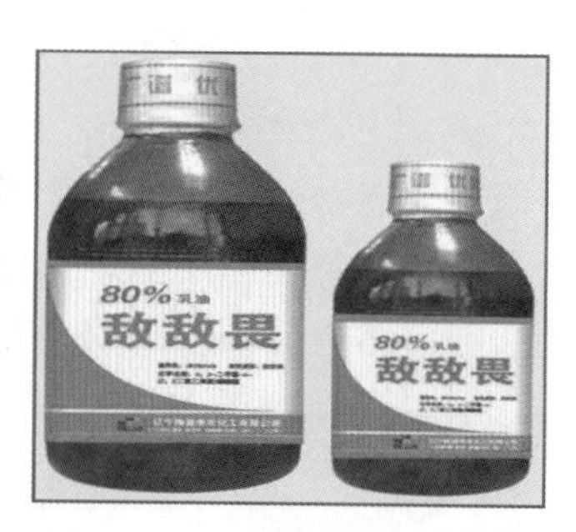

(c)敌敌畏

图 2－8　毒害物品

9. 腐蚀性物品

腐蚀性物品具有强烈的腐蚀性，对人体会造成化学烧伤，对物品会形成腐蚀，若被带上飞机，一旦包装破损，极有可能造成机毁人亡的事故。另外，很多腐蚀性物品同时还具有毒性、易燃性、氧化性等性质中的一种或数种。

腐蚀性物品如图 2－9 所示。

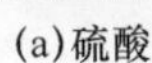
(a)硫酸

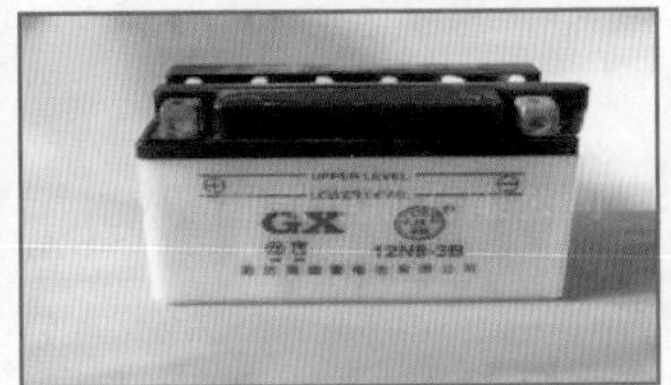

(b)有液蓄电池

(c)烧碱

图 2－9　腐蚀性物品

10. 放射性物品

放射性通常是指具有一定能量的射线，它可以破坏细胞组织，从而对人体造成伤害。射线强度和能量越大，受照时间越长，人体的受伤害程度就越大。人受到大量射线照射时可能会产生诸如头昏乏力、食欲减退、恶心、呕吐等症状，严重时会导致机体损伤，甚至死亡。当人只受到少量射线照射（例如来自天然本底辐射的照射和医疗检查照射）时，不会有不适症状发生，一般也不会对身体有过多伤害。

放射性物品如图 2－10 所示。

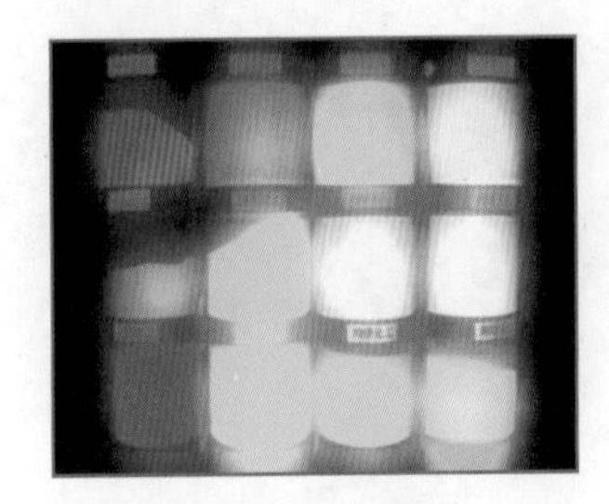
(a)夜光粉

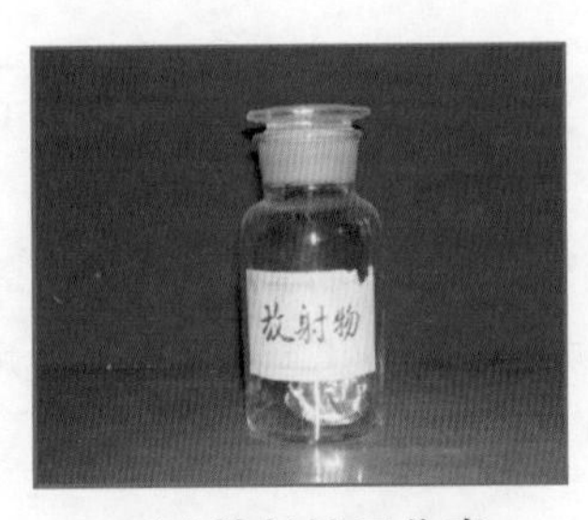

(b)放射性同位素

(c)沥青

图 2－10　放射性物品

三、关于危险品的几个名词解释

闪点又叫闪燃点，是指可燃性液体表面上的蒸汽和空气的混合物与火接触而初次发生闪光时的温度。各种油品的闪点可通过标准仪器测定。闪点温度比着火点温度低些。

燃点又叫着火点，是指可燃性液体表面上的蒸汽和空气的混合物与火接触而产生火焰能继续燃烧不少于 5 s 时的温度。着火点可在测定闪点后继续在同一标准仪器中测定。可燃性液体的闪点和燃点表明其发生爆炸或火灾的可能性的大小，这两个指标与可燃性液体运输、储存和使用的安全有极大关系。

第二节　违禁品辨识技巧

一、用 X 射线安检机辨识违禁品技巧

（1）以包内最深颜色的物品（多为违禁品）为原点，眼睛顺（逆）时针逐一进行观察，判断是否还有其他可疑违禁物品。

（2）当物品图像走到屏幕三分之二处左右，此时的图像和 X 射线安检机出口处的物品基本一致。

（3）值机员在发现违禁品的同时应该在第一时间准确无误地使用相应的语言或手势示意后传员，防止因配合出现问题造成人为性漏检。

（4）在识别图像时发现疑似有电池、导线、钟表、粉末状、液体状、枪弹状物的物品，要及时使用剔除有机、无机物的功能按键协助自己快速识别。

（5）在识别图像时发现图像中无机物（多指金属）在正常情况下很难分辨时应使用超级增强或是高穿按键协助自己快速识别。

二、液体的检测技巧

（1）查包装：瓶装、罐装液体商品的原始包装完好，无可疑之处。

（2）摇晃液体：透明材质包装的液体轻轻摇动，看是否有泡沫出现且快速消失。

（3）闻液体气味：不是透明材质包装的液体打开瓶盖后用手轻扇瓶口，鼻子靠近瓶口闻是否有异常（酒的气味香浓，汽油、酒精、香蕉水的刺激性大），闻时要注意安全。

（4）仪器检查：第一次使用仪器检查疑似为危险液体时，要使用仪器多复查几次，不能武断。

（5）受检人试喝：注意观察受检人的表情，如出现不正常的表情要特别注意。

（6）切勿在检查过程中发生漏检。

（7）检查具有明显易燃、易爆标识的液体时应注意安全，轻拿轻放。

（8）在使用设备进行检测时被测物体水平线应高于探测设备。

三、爆炸物品的识别技巧

（1）用 X 射线安检机检查时，发现疑似电池，导线，粉末状、液体状、枪弹状物品及其他可疑物品的，要考虑是爆炸物品的可能性（常见爆炸物品的组件经常和这些物品有关联）。

（2）熟知一些常用生活用品的组件和模样，在检查过程中如发现一些常用生活用品和自己所接触的有出入，很可能是不法分子故意伪装、藏匿的违禁品，例如，一般正常笔记本电脑在 X 射线安检机图像中的明显部件为（散热风扇、光驱、硬盘、电池），如果图像缺失常见零部件很可能是有人故意拆装以掩藏其他物品。

四、常见违禁品的图像判定技巧

1. 枪支的识别

枪支在 X 射线安检机图像中大部分显示为蓝色（金属无机物），枪托、弹簧的位置明显。仿真枪弹夹位置的金属多数为铅块，是厂家为增加仿真枪重量及令使用者感受类似握持真枪的手感而设计。

制式枪支与仿真枪明显的区别如下。

（1）仿真枪支的枪身一般没有螺丝或是金属铆钉。

（2）正规制式枪支弹夹内的弹簧为弹簧钢片，而仿真枪支往往是一根细小的弹簧。

（3）正规制式枪支枪管和撞针的位置在 X 射线安检机中的图像颜色多为深红色或是黑色（由于采用高密度合金所致），而仿真枪这两个部位基本与枪身颜色一致，均为蓝色。

2. 刀具的识别

常见超长并带有血槽和倒钩的非折叠自锁式刀具在 X 射线安检机中的图像，以血槽眼和倒钩为明显特征，直立摆放时由于刀片从水平到上方的厚度不一所以会在 X 射线安检机图像上呈现深浅不一的样子。

常见的带自锁装置的刀类在 X 射线安检机中的图像的特征为刀的把手位置有明显的手指凹槽，折叠类刀具的顶部有明显的金属铆钉。

3. 电击器的识别技巧

电击器在 X 射线安检机中的图像的明显特征为充电电池、升压电容、放电电极的图像较明显。

4. 子弹的识别技巧

子弹在 X 射线安检机中的图像的明显特征为弹壳主体为蓝色，弹头和底火位置为红色或黑色。

5. 外包装为轻金属的压缩容器识别特征

轻金属包装的压缩罐体在 X 射线安检机中的图像的明显特征为罐体颜色不会显示为无机物（多为金属）的蓝色而是显示为绿色，为了增大容器内部压强，瓶体底部常往里凹（有些也是平底），顶部凸出来，整体颜色非常接近一些厚度较大的书籍的颜色。

第三节 违禁品认定标准

一、管制刀具的认定标准

（1）匕首：带有刀柄、刀格和血槽，刀尖角度小于 60°的单刃、双刃或多刃尖刀。

（2）三棱刮刀：有三个刀刃的机械加工用工用刀具。

（3）带有自锁装置的弹簧刀（跳刀）：刀身展开或弹出后，可被刀柄内的弹簧或卡锁固定自锁的折叠刀具。

（4）其他单刃、双刃、三棱尖刀：刀尖角度小于 60°，刀身长度超过 150 mm 的各类单刃、双刃和多刃刀具。

（5）其他角度大于 60°，刀身长度超过 220 mm 的各类单刃、双刃和多刃刀具。

（6）未开刀刃且刀尖倒角半径 R 大于 2. 5 mm 的各类武术、工艺、礼品等刀具不属于管制刀具范畴。

（7）少数民族使用的藏刀、腰刀、靴刀、马刀等刀具的管制范围认定标准，由少数民族自治区（自治州、自治县）人民公安机关参照相关标准制定。

（8）相关名词解释。

① 刀柄：刀上被用来握持的部分。

② 刀格：刀上用来隔离刀柄和刀身的部分。

③ 刀身：刀上用来完成切、削、刺等功能的部分。

④ 血槽：刀身上的专用刻槽。

⑤ 刀尖角度：刀刃与刀背（或另一侧刀刃）上距离刀尖顶点 10 mm 的点与刀尖顶点形成的角度。

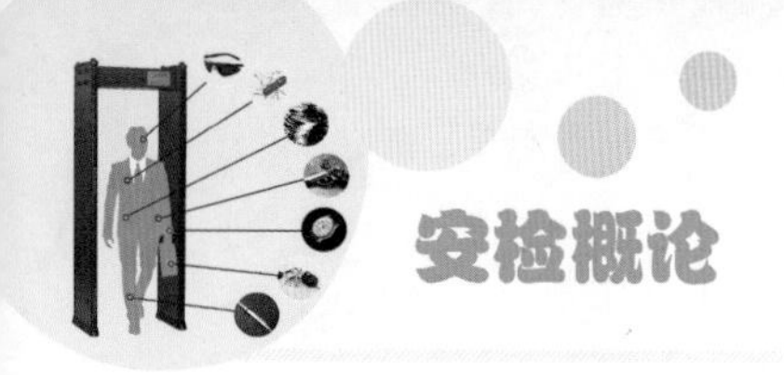

⑥ 刀刃（刃口）：刀身上用来切、削、砍的一边。一般情况下刃口厚度小于 0.5 mm 的刀具为管制刀具。

二、仿真枪认定标准

中华人民共和国公安部颁布的《仿真枪认定标准》（公通字〔2008〕8 号）是根据《中华人民共和国枪支管理法》《枪支致伤力的法庭科学鉴定判据》《公安机关涉案枪支弹药性能鉴定工作规定》（公通字〔2001〕68 号）《国家玩具安全技术规范》的有关规定指定的。

根据《仿真枪认定标准》，凡符合以下条件之一的，可以认定为仿真枪。

（1）符合《中华人民共和国枪支管理法》规定的枪支构成要件，所发射金属弹丸或其他物质的枪口比动能小于 1.8 J/cm^2（不含本数）、大于 0.6 J/cm^2（不含本数）的。

（2）具备枪支外形特征，并且具有与制式枪支材质和功能相似的枪管、枪机、机匣或者击发等机构之一的；外形、颜色与制式枪支相同或者近似，并且外形长度尺寸介于相应制式枪支全枪长度尺寸的 1/2 与 1 倍之间的。

（3）枪口比动能的计算，按照《枪支致伤力的法庭科学鉴定判据》判定的计算方法执行。

三、其他规定

1. 携带枪支、弹药的相关规定

对安检现场查出的枪支、弹药，需按照以下步骤处置。

① 立即进行“人物分离”。

② 及时上报公安机关并配合进行处理。

③ 上报上级并在《综合登记簿》中做好登记。

④ 如携带枪支、弹药的受检者自称是军人、民警执行任务时，不得私自放行，必须及时上报公安民警进行处理。

2. 携带动物乘坐汽车、火车、城市轨道交通列车的相关规定

（1）观赏鱼类、小乌龟。

乘坐客运汽车、火车、城市轨道交通工具允许乘客携带观赏鱼类、小乌龟进站，但是必须请乘客包装严密，包装不漏水，并且妥善保管。

（2）为避免不必要的纠纷和投诉，对允许进站的动物按以下原则进行划定。

① 无异味。

② 不会快速移动或挣扎引起乘客恐慌。

③ 性情温和、没有攻击性，不会在密闭空间或其他刺激下对乘客造成安全隐患。

④ 体型较小，不会影响设备和乘客进出。

3. 携带灭火器等喷雾类物品乘坐汽车、火车、城市轨道交通列车的相关规定

（1）允许乘客携带保湿类、防晒类喷雾，但包装上有危险标志的除外。

（2）允许持有消防员工作证件或与消防工作相关的人员携带灭火器。

4. 乘客携带酒类物品乘坐汽车、火车、城市轨道交通列车的相关规定

（1）允许携带酒精度数不大于 56°的酒类，大于 56°的酒类不允许带进车站。

（2）允许每位乘客携带单体包装完整的酒类不超过 4 瓶，且总容积不超过 2 升。

（3）允许每位乘客携带成件包装完好的酒类不超过 2 箱，且总容积不超过 8 升。

（4）符合携带规定的包装完好的酒类必须经 X 射线安检机检测，检测正常后方能带进车站。

5. 关于导盲犬进入车站的有关规定

（1）允许导盲犬进站的条件。

① 导盲犬须与主人一同进站。

② 导盲犬须佩戴“导盲鞍”。

③ 犬只主人必须出示两证：导盲犬工作证、本人残疾证。

（2）除导盲犬工作证外，导盲犬还可通过以下方式进行辨识。

① 导盲犬脖子上挂有“狗牌”，狗牌一面是狗的相关信息，另一面是狗的照片（磨砂花纹头像）。

② 导盲犬背部植入了“芯片”，通过扫描该芯片亦可辨别导盲犬身份，公安机关一般具有扫描该芯片的仪器。

四、违禁品的处置规定处置流程

违禁品一般分为限带违禁品和禁带违禁品，限带违禁品采取劝携带人先行处理或自愿放弃后再进站乘车，禁带违禁品采取上报警务室和车站值班室，请求协助处理（有危险性物品时需进行人物分离）。

限带违禁品指不带有明显危险性的物品，一般如常见的气球、高度白酒、小刀、喷雾、小宠物、家禽和超长、超宽、超重物品。

禁带违禁品指危险性物品，如易燃的汽油、腐蚀性的硫酸、枪支弹药和管制刀具等。

第三章　安检设施设备

知识目标

- 掌握X射线安检机的相关知识；
- 掌握安检门的相关知识；
- 掌握液态安检仪的相关知识。

技能目标

- 学会使用安检设施设备进行安检工作。

第一节　X射线安检机认知

一、X射线及X射线安检机基本知识

1. X射线的概念

X射线是一种电磁波，它的波长比可见光的波长短，穿透力强。

2. X射线安检机的工作原理

X射线安检机是借助输送带将被检查物品送入X射线检查通道来完成检查的电子设备。物品进入X射线检查通道，将阻挡包裹检测传感器，检测信号被送往系统控制部分，产生X射线触发信号，触发X射线的射线源发射X射线束。X射线束穿过输送带上的被检物品，X射线被被检物品吸收，最后轰击安装在通道内的半导体探测器。探测器把X射线转变为电信号，这些很弱的电信号被放大，并送到信号处理机做进一步处理。这些电信号经处理后就通过显示屏显示出来。一般来说，无论箱包有几层，X射线都能穿透，一层层地将箱包内的物品显示出来。常见的X射线安检机示意图如图3－1所示。常见的X射线安检机实物图如图3－2所示。

3. X射线安检机开关机

（1）操作员使用仪器前应检查仪器外观是否完好。

（2）首先开启稳压电源，观察电压指示是否稳定在（220±20）V的范围内。

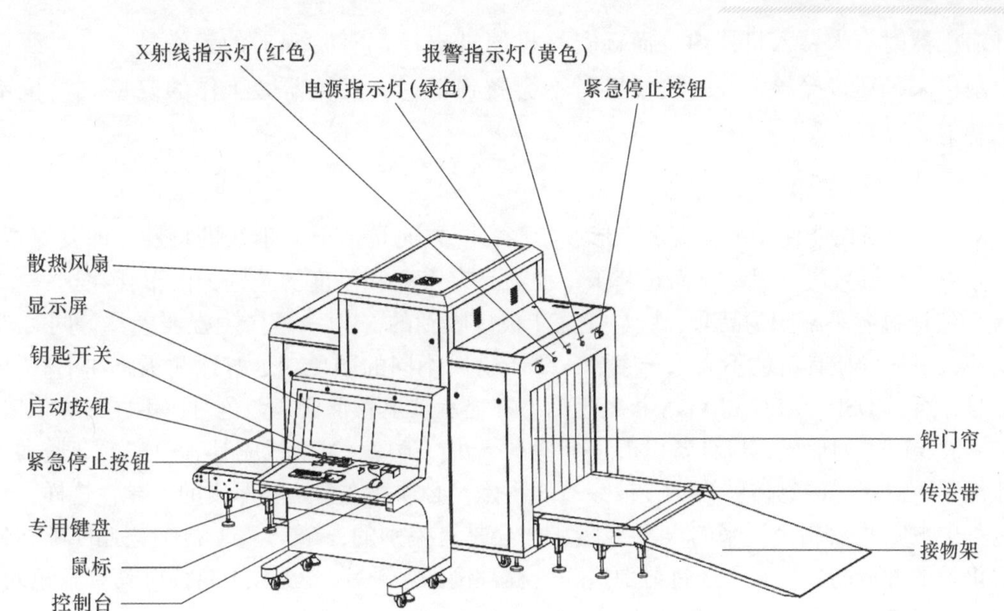

图 3-1　常见的 X 射线安检机示意图

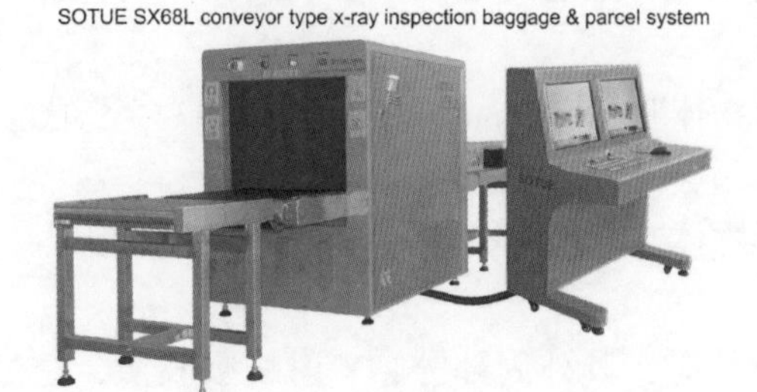

图 3-2　常见的 X 射线安检机实物图

(3) 开启 X 射线安检机电源，运行自检测程序正常后，开始检查工作。

(4) 检查中，如遇设备发生故障，应立即报告值班领导。

(5) 工作结束后，应关闭 X 射线安检机电源及稳压电源。可能有些机型需要先退出 X 射线安检机操作平台，待图像存储完成后，再关闭 X 射线安检机电源及稳压电源。

(6) 按要求认真填写设备运行记录。

4. X 射线安检机的安全防护

(1) 不检查行李时系统无射线产生。

(2) 系统设有“联锁”保护装置。

(3) 射线通道有铅防护。

(4) 系统设计了电子保护电路。

(5) 射线剂量很低。

虽然 X 射线安检机能够将危险物品检测出来，但其不会对人体有损伤。因为 X 射线只在机器内部产生，而且是垂直照射，绝对不会透过机器的外壁照射到机器外围，除非

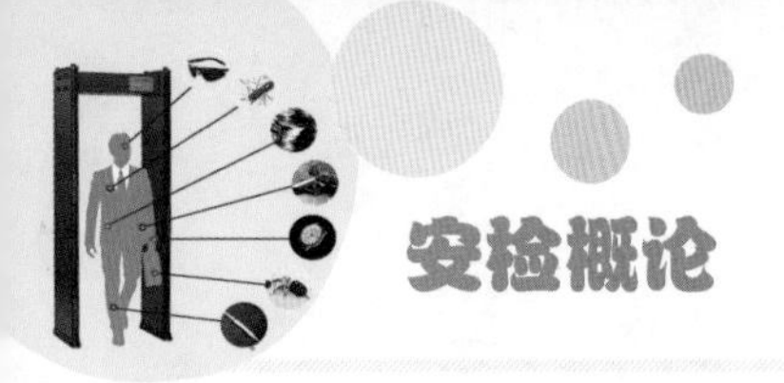

在开启机器时有人钻入机器内。而且安检机的进出口都有防辐射的铅帘挡着，射线也不会放射出来，所以受检人经过安检机时不会受到辐射，在机器旁工作的安检人员也不会受到辐射。

二、X 射线图像的形成

X 射线之所以能使物品在荧屏上形成影像，一方面是基于 X 射线的特性，即其穿透性、荧光效应和摄影效应；另一方面是基于各种物品有密度和厚度的差别，由于存在这种差别，当 X 射线透过各种不同物品时，就会使探测板接收到的 X 射线量产生强弱差异，同时 X 射线安检机根据物质具有的不同原子序数，赋予物质不同的颜色。这时探测板将向 CAG 板发出信号，经过 DSP、ALU 和 VGA 板处理后，在显示器上就形成了颜色对比不同的影像。

X 射线影像的形成，应具备以下三个基本条件：第一，X 射线应具有一定的穿透力，这样才能穿透被照射的物体；第二，被穿透的物体，必须存在密度和厚度的差异，这样，在穿透过程中被吸收后剩余下来的 X 射线量，才会是有差别的；第三，这个有差别的剩余 X 射线，仍是不可见的，还必须经过显像这一过程，例如经显示屏显示才能获得具有颜色对比、层次差异的 X 射线影像。

物体组织结构和形态不同，厚度也不一致，其厚与薄的部分，或分界明确，或逐渐变化，厚的部分，吸收 X 射线多，透过的 X 射线少，薄的部分则相反，因此，在显示屏上会出现颜色对比和明暗差别。

（1）X 射线透过梯形物体时，厚的部分，X 射线吸收多，透过的少，荧光屏上呈深色，薄的部分相反，呈浅色。深与浅间界限分明。

（2）X 线透过三角形物体时，其成影与梯形体成影情况相似，但深浅色是逐步过渡的，无清楚界限。

（3）X 线透过管状物体时，其外周部分，X 射线吸收多，透过的少，呈深色，其中间部分呈浅色，深与浅界限较为清楚。

密度和厚度的差别是产生影像对比的基础，是 X 射线成像的基本条件。

X 射线安检机工作示意图如图 3－3 所示。

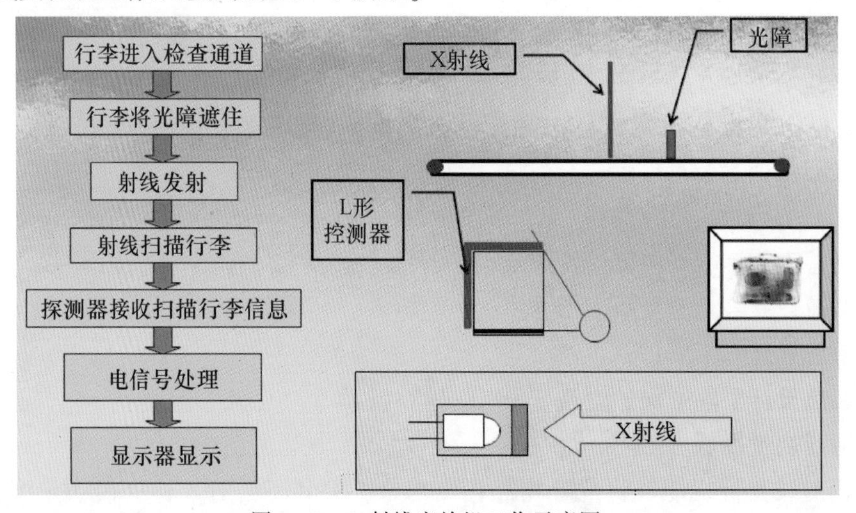

图 3－3　X 射线安检机工作示意图

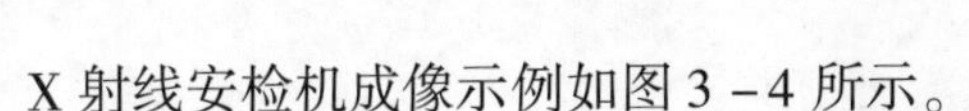

X 射线安检机成像示例如图 3－4 所示。

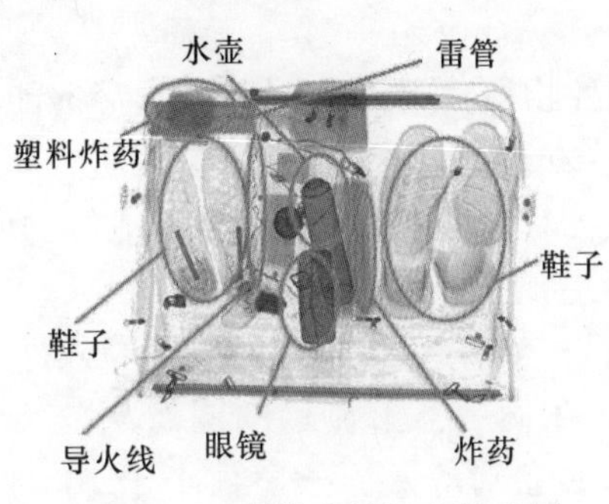

图 3－4　X 射线安检机成像示例

三、X 射线安检机图像颜色的定义

1. 物质与原子

世界是由物质构成的，物质是由分子组成的，分子是由原子组成的。

元素是同一类原子的总称，同一类原子具有相同的核电荷数，即原子序数。

2. 常见物质原子序数表

常见物质原子序数表如表 3－1 所示。

表 3－1　常见物质原子序数表

元素	原子序数	组成的物质
氢 H	1	水、油、塑料、木材、纸和其他化合物
碳 C	6	油、塑料、木材、纸、食物和其他化合物
氮 N	7	油、塑料、木材、纸和其他化合物
氧 O	8	水、油、塑料、木材、纸和其他化合物
钠 Na	11	食盐、烧碱、化肥和其他化合物
硅 Si	14	沙子、土壤、玻璃和其他化合物
磷 P	15	单体或化合物
硫 S	16	单体或化合物
铁 Fe	26	单体或化合物
铜 Cu	29	单体或化合物
锌 Zn	30	单体或化合物

3. 有机物、无机物的概念

（1）有机物即有机化合物：含碳化合物或碳氢化合物及其衍生物的总称。有机物是生命产生的物质基础，如食品、水、塑料及石油、天然气、棉花、染料、化纤、天然和合成药物等，均属有机化合物。

（2）无机物即无机化合物：通常指不含碳元素的化合物。如铁、铜、锌、钢等都为无机物。

简单来说，就是纯净物里不是有机物的就是无机物了。

4. 影响X射线穿透能力的因素

X射线的波长很短，对各种物质都具有不同程度的穿透能力。影响X射线的穿透能力的因素有：X射线的能量、被穿透物质的结构和原子性质。同一X射线，对原子序数较低元素组成的物体贯穿本领较强，对原子序数较高元素组成的物体贯穿本领较弱。

5. X射线安检机图像颜色定义

物品经过X射线的穿射后，X射线设备按照物质等效原子序数范围，赋予物品一定的颜色，并在显示器上显示。在显示器上显示的图像从广义上分为4类：①橙色；②蓝色；③绿色；④红色。X射线设备对等效原子序数小于10的有机物赋予橙色，对等效原子序数大于18的无机物赋予蓝色，对介于两类材料之间的物质或这两类材料的混合物赋予绿色。

(1) 红色——非常厚、X射线穿不透的物体。

图像显示为红色的物体主要是密度大或体积厚的物体。因为密度较大，体积较厚严重削弱X射线的穿透力，X射线无法有效地穿透物体，就会使探测板无法正常接收X射线。这时探测板将向CAG板发出信号，经过DSP、ALU和VGA板处理后，将以红色的图像显示在显示器上。

(2) 橙色——有机物（原子序数小于10的物质）。

橙色是有机物在显示器上显示的颜色，常见的有机物如水、油、炸药、油漆和香蕉水等物体。在X射线安检机的使用规则中规定有机物是指由原子序数小于10的化学元素组成的物体，这些物体主要是由氢、碳、氮和氧组成。无论任何物质只要其组成元素中大部分的元素是由这4种元素组成，则显示在显示器上的图像颜色均为橙黄色、暗黄色和土黄色。显示为橙色的液体有机物如图3-5所示。

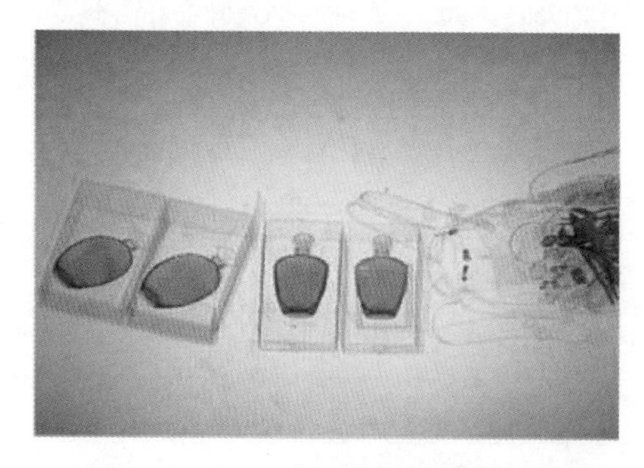

图3-5　显示为橙色的液体有机物

用X射线安检机判断一个物品是否是有机物，最主要是根据其在显示器上显示的形状和颜色，由于有机物数量繁多，形状多样，相似性强，所以判断起来比较麻烦。例如炸药，尤其是TNT炸药，其形状和显示的颜色与肥皂极为相似，判断起来颇为困难，这就要求安检人员不但要了解其形状和显示颜色，还要根据它周围所在的物品来判断。另外各种油类放在相同的容器内显示的图像颜色也差不多。

(3) 绿色——混合物（原子序数在10~17之间的物质），以及有机物与无机物的重叠部分。显示为绿色的有机物与无机物重叠部分如图3-6所示。

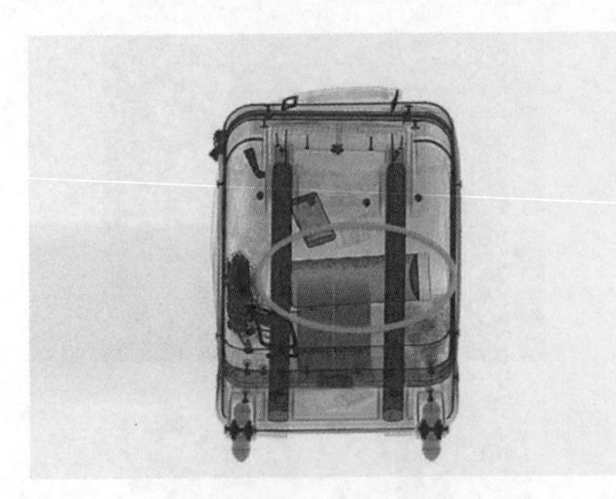

图 3－6 显示为绿色的有机物与无机物重叠部分

绿色为混合物的颜色，主要的物质为铝、硅。在 X 射线安检机的使用规则中将混合物定义为原子序数在 10～17 之间的物质。另外无机物与有机物重叠时也可能显示为绿色。这时就需要用无机物与有机物剔除键来判断物体性质。

(4) 蓝色——无机物（原子序数大于 10 的物质）。

蓝色为无机物的颜色，如铁、铜、锌、钢等都为无机物，违禁品中的刀、枪等主要由无机物组成。在 X 射线安检机的使用规则中将无机物定义为由原子序数大于 18 的元素组成的物质。由于无机物的密度由小到大相差甚远，所以不同无机物所显示的蓝色按其密度的大小分为浅蓝色、蓝色和深蓝色。显示为蓝色的金属管制刀、枪如图 3－7 所示。显示为深蓝色的钳子如图 3－8 所示。

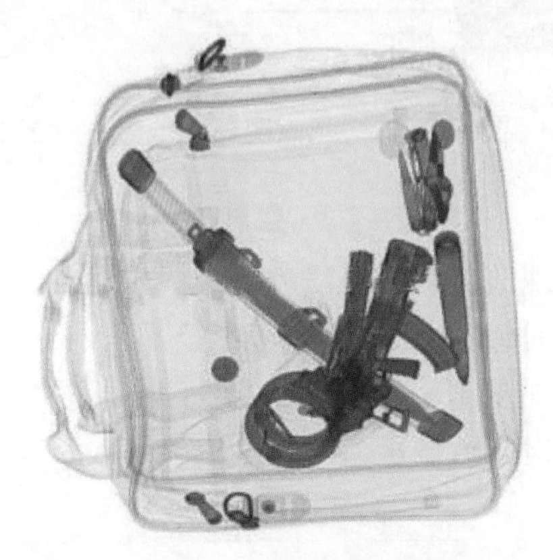

图 3－7 显示为蓝色的金属管制刀、枪

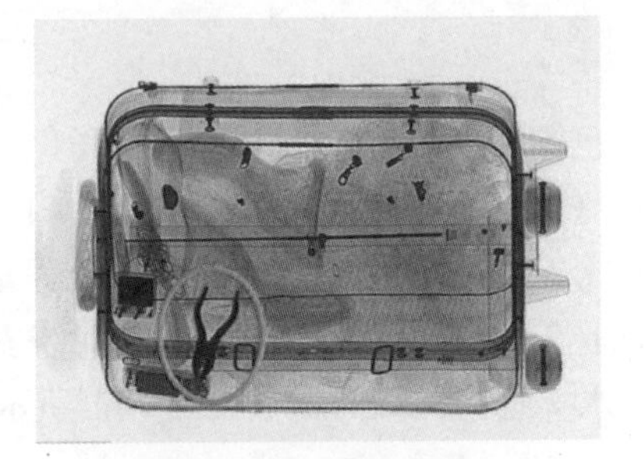

图 3－8 显示为深蓝色的钳子

观察无机物的最好办法是用黑白显示器观察，因为黑白显示器显示的颜色比较单一，只是灰度不同，更有利于看清楚物体的形状，尤其适合对刀枪的检查。

各种物质实物与图像对比如图 3－9 所示。

6. X 射线安检机图像不同灰度的含义

物体密度不同，厚度不同，X 射线通过物体发生的衰减率就不同，在图像上显示的灰度也就不同，因此，灰度是被扫描物体的密度与厚度这两个参数的共同反映，物体密度越大，灰度越大；厚度越大，灰度越大。

X 射线安检机图像不同灰度的产生示意图如图 3－10 所示。

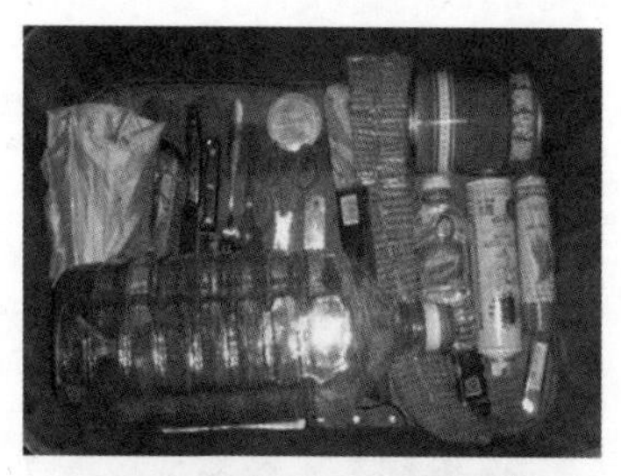

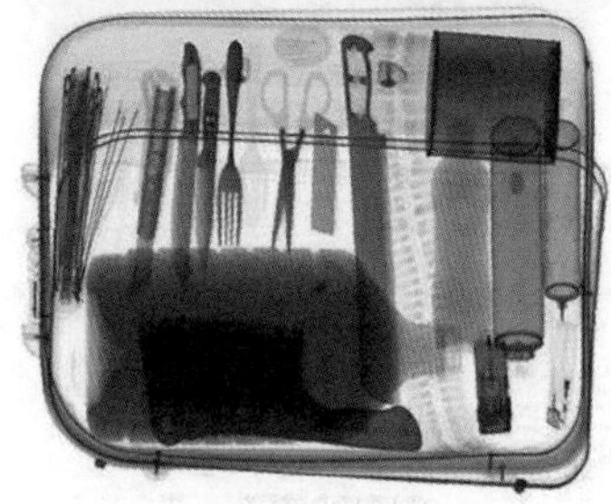

图 3－9　各种物质实物与图像对比

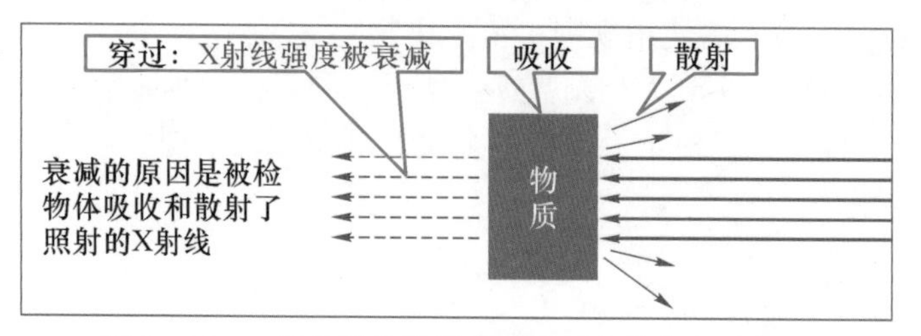

图 3－10　X 射线安检机图像不同灰度的产生示意图

7. 显示器的色饱和度和亮度的含义

（1）色饱和度又称色浓度，是指彩色光所呈现的色彩的深浅程度。

（2）亮度是光作用于人眼所引起的明亮程度的感觉。

水的成分是氧 O 和氢 H，矿泉水瓶为塑料（主要成分是碳 C），它们的原子序数均小于 10，都属于有机物。所以矿泉水经 X 射线安检机检查后显示为橙色。

矿泉水实物与图像对比如图 3－11 所示。

(a)实物

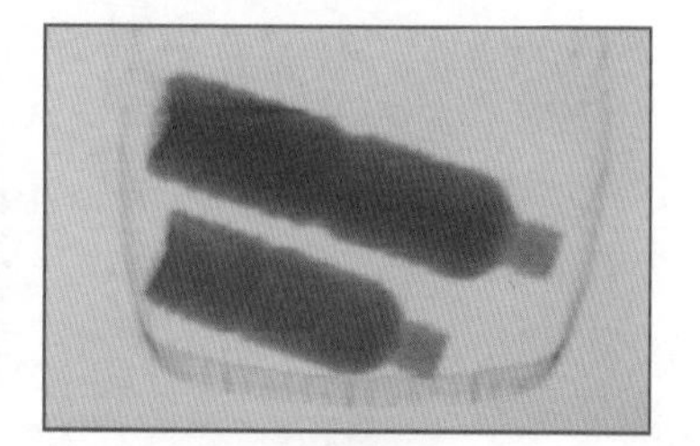

(b)图像

图 3－11　矿泉水实物与图像对比

打火机气体的主要成分为丁烷，为碳氢化合物，原子序数小于 10，属有机物；金属罐主要成分为铁、钢，原子序数均大于18，属无机物。

丁烷与压缩罐体重叠，属有机物与无机物的重叠，该部分显示为绿色；压缩罐体边缘属无机物，则显示为蓝色。打火机气体罐装实物与图像对比如图3－12所示。

(a)实物

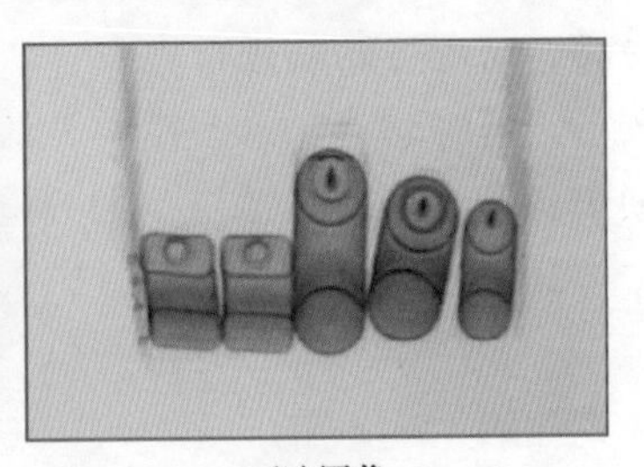

(b)图像

图3－12　打火机气体罐装实物与图像对比

四、X射线安检机功能键使用

当X射线安检机图像出现时，值机员应根据检查要求，使用功能键来帮助识别图像中物品的特征和物品性质，以提高判图准确性，确保安全。

1. X射线安检机功能键介绍

（1）紧急断电按钮。在出现紧急情况时，按下紧急断电按钮可以使系统立即关闭。重新开机时，只要复原这一按钮并按下通电开关即可。

（2）传送带前进键。按下传送带前进键，传送带开始运转。

（3）传送带倒退键。持续按下传送带倒退键，传送带倒退循环运转，直到此键被释放抬起时停止，系统在传送带反向运行期间一般不执行物品检查过程，除非系统被设置成反向扫描或连续扫描。

（4）方向键（选区键）。使用方向键来选择希望放大的区域，其在放大状态下同样有效。

（5）放大键（ZOOM键）。每次按下放大键，选中区域图像将被放大。

（6）彩色、黑白图像转换键（C/B键）。按下彩色、黑白图像转换键后，彩色显示器上的图像将变成黑白图像，再次按下将恢复。

彩色图像与黑白图像对比如图3－13所示。

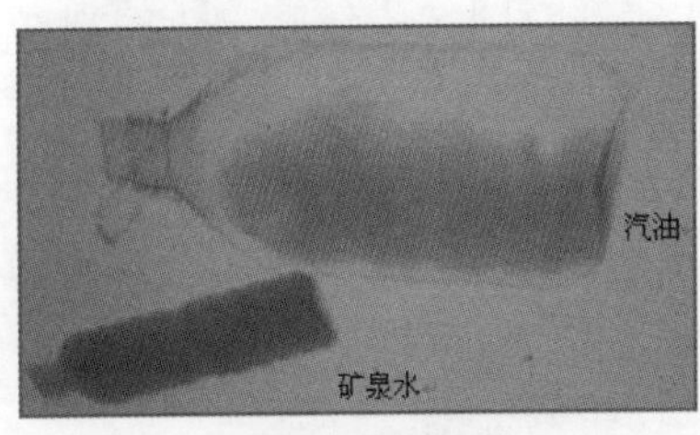

(a)彩色显示效果

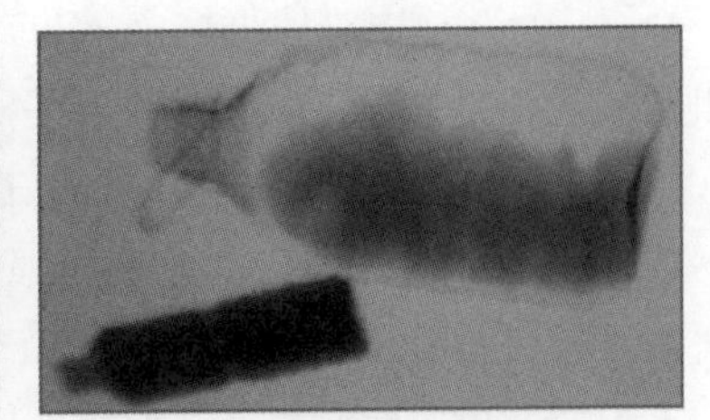

(b)黑白显示效果

图3－13　彩色图像与黑白图像对比

（7）图像增强键。图像增强键用于启动或关闭图像增强功能。

（8）剔除键。当需要对图像中不同物品的成分进行区分时，可使用有机物/无机物剔除键。

①未按下该键时彩色显示器上显示的图像为正常的多能量图像。

②当第一次按下该键时，机器对显示器上的图像进行处理，将显示图像中表示无机物的颜色剔除。这时显示器上图像的颜色多为黄色，也就是有机物成像的颜色。这样可以使我们更好地对炸药，易燃、易爆等物品进行观察。

③当第二次按下该键时，将显示图像中表示有机物的颜色剔除。这时显示器上图像的颜色多为蓝色，有助于我们观察金属制品（如刀枪）。

④当第三次按下该键后图像恢复正常状态。（注：在前两次按下该键时其对应的指示灯一直点亮）。

剔除键使用效果如图 3－14 所示。

(a)实物

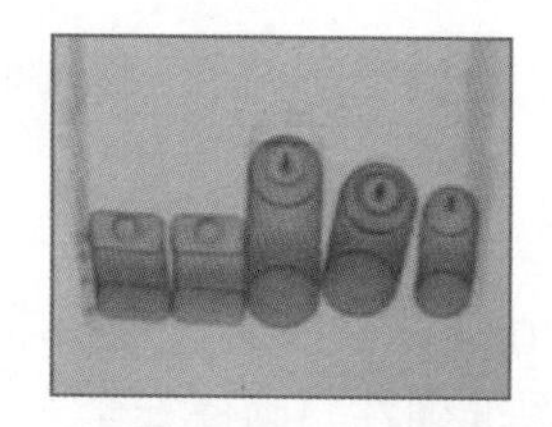

(b)无机物剔除后的显示效果

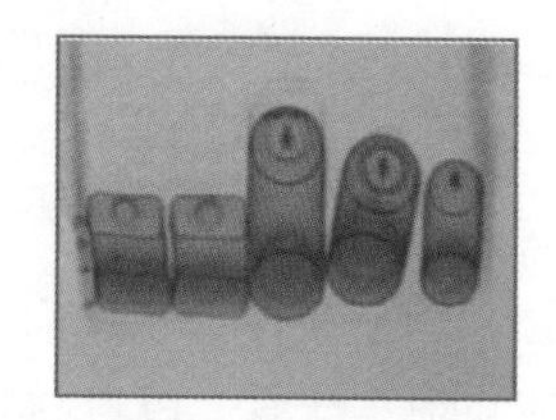

(c)有机物剔除后的显示效果

图 3－14　剔除键使用效果

（9）反转键。反转键可以使图像显示黑白反转的效果。当需要识别密度较低的物品或颜色较浅的部分时，可使用反转键来帮助判图。

反转键使用效果如图 3－15 所示。

(a)实物

(b)未使用反转键

(c)使用反转键

图 3－15　反转键使用效果

（10）加亮键。可以利用对比度增强的方式实现对图像中较暗物体的观察。当图像较暗时，应使用加亮键来帮助判图，必要时可使用超强加亮键。

（11）CAT 动态扫描键。按下 CAT 动态扫描键后，图像将根据饱和度进行变动，以便能更明确地观察被检物体。动态扫描的原理是根据图像饱和度的高低，使图像的亮度按饱和度的不同从低到高不停变化。如果这时按下 E1 键，动态扫描的方向将发生变化。如果按下 CAT 键后再按下 E2 键，这时正在动态扫描的图像将被冻结。

（12）穿不透报警键（ALARM 键）。按下穿不透报警键后，图像中显示为暗红色的地方将由白变红、由红变白地不停闪烁，该闪烁位置是一些密度较大的物体，由于射线无法穿透造成探测板接收不到该区域的 X 射线，从而在显示器上无法识别。该键的作用就是提醒操作人员注意这些射线穿不透的物体。

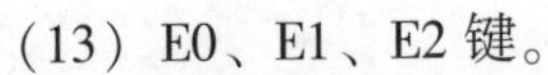

（13）E0、E1、E2 键。

①E0 键的功能是使图像中灰度级较低部分的灰度提升，也就是使图像变亮、颜色变浅，这样更容易看清楚密度大的物体。（注：此种方法是通过机器内部的各种计算得到的，并不是按下此键后射线剂量增大而使我们能看清高密度的物体。）正常情况下，射线穿过密度大的物体后只有极少量能打到探测板上，造成接收信号不好，所以无法识别高密度的物体。按下 E0 键后，SCPU 板将会通知 SDSP 与 AALU 板对探测板接收后传回的信号进行放大处理，使我们有可能识别高密度物体。不过由于探测板接收的信号微弱，所以按下 E0 键后并不一定能够完全看清。

②E1 键的工作原理与 E0 键相同，但其功能与 E0 键相反，也就是说 E1 键是使图像中灰度级高的变低，这样容易识别密度较小的物体。

③E2 键的功能是使图像反转，就是将灰度级高的变低，灰度级低的变高，暗的变亮，亮的变暗。有些值机员在平时观看显示器图像时喜欢按下 E2 键，说这样看不刺眼。其实按不按 E2 键，图像的分辨率和显示器的刷新频率不变，相反长时间看反转的图像，由于图像比较暗，更容易造成眼睛疲劳。

2. X 射线安检机功能键使用

（1）当图像较暗时，应使用加亮键来帮助判图，必要时可使用超强加亮键。

（2）当需要识别密度较低的物品或物品颜色较浅的部分时，可使用加暗键或反转键来帮助判图。

（3）当需要对图像中不同物品的成分进行区分时，可使用有机物/无机物剔除键。

（4）使用传送带前进键、传送带倒退键控制传送带。

（5）当图像需要进一步判读时，应使用停止键控制传送带。

五、识别 X 射线图像的主要方法

1. 物品摆放对图像的影响

对图像进行识别前，首先要求放在传送带上的物品要平放，只有平放物品才能在显示器上尽可能好地显示图像。

物品摆放对图像的影响如图 3－16 所示。

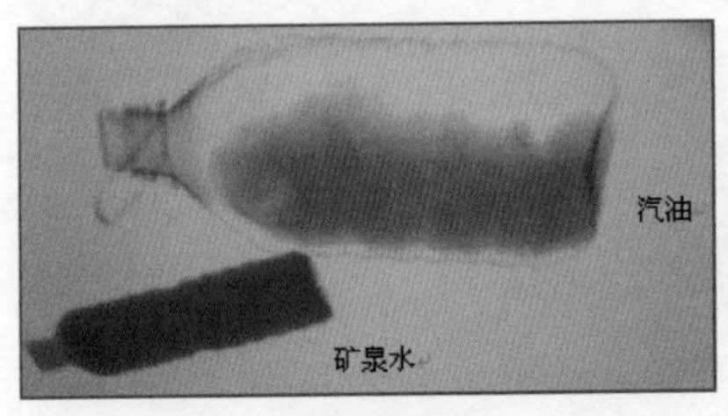

(a)平放效果

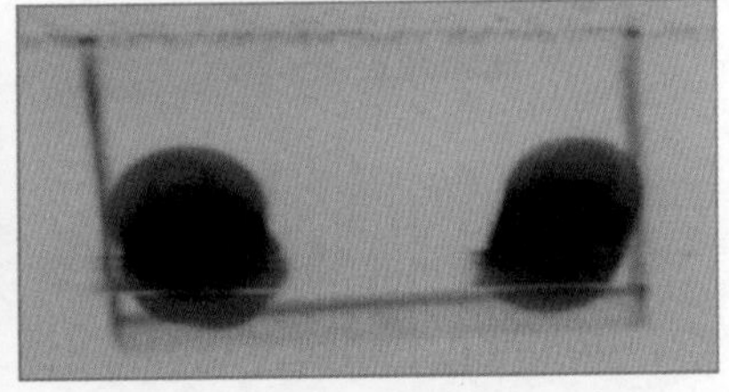

(b)立放效果

图 3－16　物品摆放对图像的影响

2. 识别 X 射线图像的主要方法

对于图像的识别，从理论上讲，就是通过观察其在显示器上显示的颜色和形状来判断，而实际操作过程中可能会遇到更多的问题。图像的识别方法多种多样，要注意在平时进行归纳总结，积累经验。

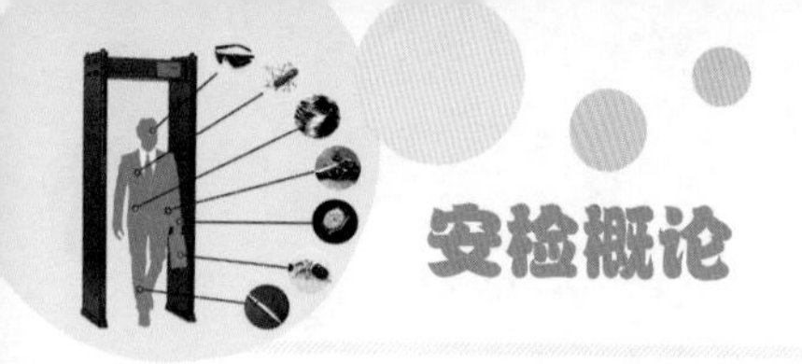

（1）整体判读法。整体判读法就是由中间到四周对整幅图像进行判读。观察图像的每个细节，判读图像中的物品的相关性，辨别有无电源、导线、定时装置、起爆装置和可疑物品。

（2）颜色分析法。颜色分析法是根据 X 射线安检机对物质颜色的定义，通过图像呈现的颜色来判断物体的性质。

（3）形状分析法。形状分析法是通过图像中物体的轮廓判断物体。有些物品虽然 X 射线穿不透，但轮廓清晰，可直接判断其性质。

（4）功能键分析法。功能键分析法就是充分利用功能键的分析功能对图像进行综合分析比较。反转键有利于看清颜色较浅物品的轮廓，有机物/无机物剔除键有利于判断物品的性质。

（5）重点分析法。重点分析法就是抓住图像中难以判明性质、射线穿不透的物体，对有疑点的地方重点分析，其主要应用于对液体、配件、电子产品的检查。

（6）对称分析法。对称分析法就是根据图像中箱包结构特点找对称点，其主要针对箱包结构中不对称的点状物体或线装物进行分析比较，以发现可疑物。

（7）共性分析法。共性分析法也叫举一反三法，即抓住某个物体的结构特征来推断其他同类物品。

（8）特征分析法。特征分析法也叫结构分析法，即抓住某个物体结构中的一些特征来进行判断。

（9）联想分析法。联想分析法就是通过图像中一个可判明的物品来推断另一个物品。

（10）观察分析法。观察分析法就是通过观察受检者来判断其所携带的物品。

（11）常规分析法。常规分析法就是找出图像中显示的违反常规的物品。

（12）排除法。排除法即排除已经判定的物品，将其他物品进行重点分析、检查。

（13）角度分析法。角度分析法就是通过物品各种角度的图像特征加以分析判断。

（14）综合分析法。综合分析法就是同时利用上述方法中的几种方法对图像进行判读。

在 X 射线安检机检查岗位工作时，可单独或综合利用上述 14 种识别 X 射线图像的方法来帮助识别 X 射线图像。上述的 14 种识别 X 射线图像的方法互相之间并非各自独立的，而是互相关联、互为补充的，判图时应做到有机地结合，同时，要求值机员在实践中要多学习、多积累，不断增加自己的实际操作经验。

3. X 射线安检机值机员在识别一幅 X 射线图像时的要求

（1）从图像中间向四周进行判别。

（2）按照图像颜色的不同来进行判别。

（3）按照图像所呈现的层次来进行判别。

（4）结合图像辨别方法来辅助进行判别。

（5）图像模糊不清无法判断物品性质的，可调整物品摆放位置后再检。

（6）发现疑似电池、导线、钟表、粉末状、块状、液体状、枪弹状物及其他可疑物品的，应采用综合分析法结合重点分析法等方式进行认真检查。

（7）发现有容器、仪表、瓷器等物品的，应在利用功能键帮助分析的情况下进一步识别，如仍不能确定性质，应进行开箱（包）检查。

（8）照相机、收音机、录音录像机及电子计算机等电器的检查，应仔细分析其内部结构是否存在异常，如存在异常或不能判明性质的物质，应结合开箱（包）检查。

（9）遇旅客声明的不能用 X 射线安检机检查的物品时，应按相应规定或情况处理，在了解情况后，如可以采用 X 射线安检机进行检查时，应仔细分析物品的内部结构是否存在异常。

4. 对可能隐含危险品的物品进行识别

以下物品为可能隐含有危险品的一些物品，安检人员应在检查工作中加强识别。

（1）野营设备：可能含易燃气体（丁烷、丙烷等）、易燃液体（煤油、汽油等）或易燃固体（火柴等）。

（2）探险设备：可能含爆炸品（信号弹）、易燃液体（汽油）、易燃气体（野营燃气）或其他危险物品。

（3）热气球：可能含装有易燃气体的钢瓶、灭火器、电池等。

（4）诊断标本：可能含感染性物质。

（5）潜水设备：可能含装有压缩气体（例如空气或氧气）的钢瓶，也可能含高强度的潜水灯，其在空气中开启能释放极大的热量，为了运输安全，灯泡或电池应保持断路。

（6）钻探和采掘设备：可能含爆炸品或其他危险物品。

（7）敞口液氮容器：可能含常压液氮。只有在包装以任何方向放置液氮都不会流出的情况下，才不受携带限制。

（8）冷冻胚胎：可能装有冷冻液化气体或干冰。

（9）摄影组和宣传媒介设备：可能含爆炸烟火装置、装有内燃机发电机、湿式电池、燃料、发热物品等。

（10）摄影用品：可能含危险物品，例如加热装置、易燃液体、易燃固体、氧化剂、毒害品或腐蚀品。

（11）实验室设备、化学品：可能含危险物品，例如易燃液体、易燃固体、氧化剂、毒害品或腐蚀品。

（12）赛车或摩托车队的设备：可能含引擎、化油器或含燃料（残余燃料）的油箱、湿式电池、易燃气溶胶、硝基甲烷或其他汽油添加剂、压缩气体钢瓶等。

（13）修理箱：可能含有机过氧化物、易燃黏合剂、碱性溶剂等。

（14）工具箱：可能含爆炸品（射钉枪）、装有压缩气体的钢瓶、气溶胶、易燃气体（丁烷气瓶或火炬）、易燃黏合剂或油漆、腐蚀性液体等。

第二节　安检门认知

安检门（security door）是一种检测受检人有无携带金属物品的探测装置，又称金属探测门（metal detection door）、探测门。安检门主要应用在机场，车站，大型会议等人流较大的公共场所，用来检查人身体上隐藏的金属物品，如枪支、管制刀具等。市场上少数高档安检门可以做到当受检人从安检门通过，人身体上所携带的金属超过根据重量、数量或形状预先设定好的参数值时，安检门即刻报警，并显示造成报警的金属所在区位，让安检人员及时

发现该受检人所随身携带的金属物品。性能好的安检门可以检测到回形针大小的金属物品。

一、常见安检门

1. 常见安检门的结构

常见安检门的结构示意图如图 3－17 所示。

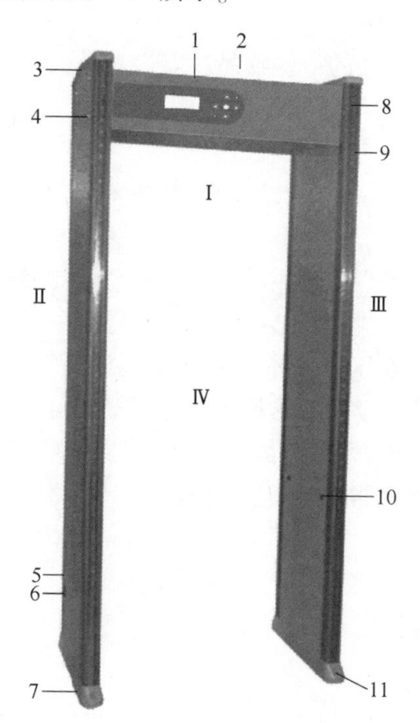

图 3－17　常见安检门的结构示意图

Ⅰ—主机箱；Ⅱ—左门板；Ⅲ—右门板；Ⅳ—检测通道；

1—面板；2—盖板；3—顶封；4—接合螺丝；5—电源开关；6—电源插座；7—脚套；

8—门板 LED 工作指示灯；9—报警指示灯；10—红外探测口；11—加固螺丝孔

2. 常见安检门的功能模块

1）主机箱

主机箱用于放置供电系统、控制系统、显示系统，是安检门的核心模块。

2）左门板

左门板为安检门提供外电源接入，负责通道左边区域的安全检测和报警指示。

3）右门板

右门板用于通道右边区域的安全检测和报警指示。

4）检测通道

检测通道为受检测的人经过的通道。

3. 常见安检门各部件功能说明

1）面板

面板集合了 LCD 显示和按键调节控制功能，用于显示产品工作状态以方便相关人员进行调试维护。

2）盖板

盖板能防尘并让安检门经受住短时间内的雨淋。

3）顶封

顶封是结构支架的一部分，有紧固前后铝立柱和让安检门经受住短时间内雨淋的作用。

4）接合螺丝

接合螺丝把主机箱和门板可靠地接合在一起，以形成一个整体。

5）电源开关

电源开关为双路开关，可安全地通断电源。打开电源开关，开关指示灯亮起。

6）电源插座

电源插座内带 5A 限流保险，具有供电短路保护功能。

7）脚套

脚套是结构支架的一部分，有紧固前后铝立柱、稳定放置产品和防水的作用。

8）门板 LED 工作指示灯

等待检测时，门板 LED 工作指示灯亮绿光，报警时闪烁。

9）报警指示灯

等待检测时，报警指示灯熄灭，报警时按区位亮起红光。

10）红外探测口

所有金属探测门都会因为其周围的一些机器设备而产生误报警，红外探测口可以避免误报警，等待检测时，红外信号发射和接收形成通路，阻止报警；当有人或物体通过时启动报警电路，允许报警。

11）加固螺丝孔

对于长时间放置于某个位置使用的安检门，可通过加固螺丝孔，将产品固定在一个位置使其不因外力而移动。

二、数码金属探测门

数码金属探测门如图 3－18 所示。

1. 产品特点

（1）数码金属探测门是集金属探测和放射性物质探测两项功能为一体的高性能通过式安检门；可对藏在人员身上和包裹里的违法放射源或放射性物质进行快速而灵敏的探测（选配）。

（2）数码金属探测门采用数字电路设计，性能稳定，无须周期调校；模块应用和各种设置均采用了数字信号控制，可通过编程实现精准级别调控。

（3）通过独立的芯片进行电子控制、运行和编程。

（4）自动和手动选择工作频点，具有较强的抗干扰能力。

（5）具有断电续航功能。

（6）带脚轮，便于移动。

（7）具有开机自检功能，故障维护方便。

（8）可进行数据加密、恢复和查询，数据管理方便。

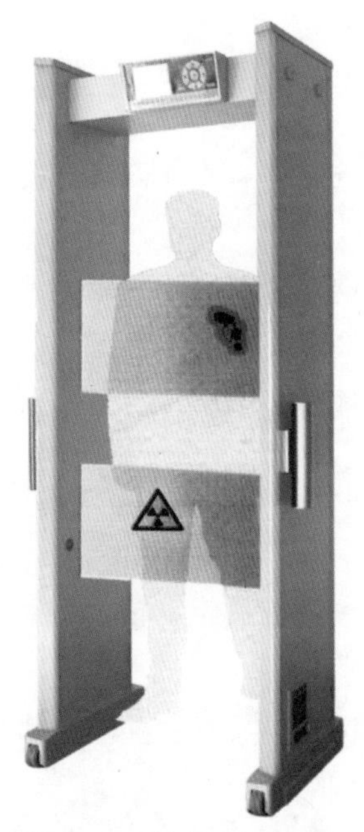

图 3－18　数码金属探测门

2. 系统管理

（1）固定 ID：有固定 ID 备案。

（2）系统注册：可使用时间或指定日期注册。

（3）中英文显示：可根据需要选择相应的语言。

（4）万年历：可显示年、月、日、时、分。

（5）管理加密：防止误操作导致产品工作异常。

（6）恢复设置：可恢复出厂设置。

3. 功能描述

（1）LCD 背光：显示时间在 1～99 s 范围内可调。

（2）识别功能：可识别被测物品大小。

（3）探测区位：可根据需要设置单区或多区连续精确报警。

（4）自我诊断功能：内置自我诊断程序，开机自检，出错有错误提示。

（5）抗干扰：具有 DSP 信号处理数字过滤系统，有极佳的抗电磁干扰能力和较强的耐触摸和碰撞能力，可在人多拥挤情况下正常运行。

（6）灵敏度：区域灵敏度、总体灵敏度均在一定范围内可调。

（7）报警设置：声光同时报警，报警时间可在 1～25 s 范围内调整、音量可在 1～255 级范围内调整，音调可在1～11级范围内调整。

（8）机箱门板：门板和主机箱可随意组合装配，组装方便。

（9）应用选择：快速选择适合实际情况要求的通过速度和灵敏度。

（10）核能探测：集成了放射性危险物品检测功能。

（11）后备电源：电池供电时间不低于8 h。

（12）人数记录：可记录9 999次通过记录并自动保存。

（13）核报警：可检测核射线并报警。

（14）振动保护：可防止振动干扰导致的误报警。

（15）通过速度：可从最快100人/min往下自定义调节检测速度。

（16）联网功能：可连接电脑，实现远程参数设置、查询功能（选配）。

（17）安装方便：一体化设计，仅需20 min即可安装或拆卸完毕。

（18）安全标准：符合当前的国际安全标准，采用弱磁场发射技术，对心脏起搏器佩戴者、孕妇、软盘、磁性记录载体等无害。

4. 技术参数

（1）电源：AC 85～264 V/50～60 Hz。

（2）功率：≤20 W。

（3）外形尺寸：2 230 mm（高）×830 mm（宽）×580 mm（深）。

（4）通道尺寸：2 000 mm（高）×710 mm（宽）×500 mm（深）。

（5）整机重量：约68 kg。

（6）工作环境：－20～45 ℃。

5. 应用场合

厂矿，政府机关、公安机关、检察院、法院、监狱、看守所、海关、机场、车站（火车站、城市轨道交通车站、汽车客运站）体育场馆、会展场馆、娱乐场所、大型集会等场所，以及五金、电子、首饰、军工、造币等工厂或企业。

三、LCD数码金属探测门

LCD数码金属探测门如图3－19所示。

图3－19　LCD数码金属探测门

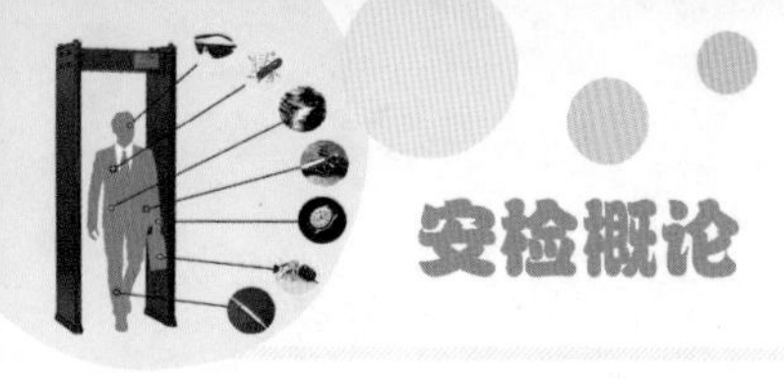

1. 产品特点

（1）多频率工作，抗干扰性强。

（2）采用数字脉冲技术，性能稳定。

（3）模块化设计，零部件即拔即插。

（4）一键恢复出厂设置。

（5）配置遥控器，操作方便。

2. 功能描述

（1）中英文显示：可根据需要选择相应的语言。

（2）LCD 背光：显示时间可在 1 ~ 99 s 范围内调整。

（3）识别功能：可识别被测物品大小。

（4）故障提示：系统出现故障时显示屏将自动显示故障内容。

（5）报警设置：声光同时报警，报警时间可在 1 ~ 25 s范围内调整、音量可在 1 ~ 255 级范围内调整，音调可在1 ~ 11 级范围内调整。

（6）灵敏度：区域灵敏度、总体灵敏度均可在 1 ~ 255 级范围内调整。

（7）探测区位：可根据需要设置单区或多区精确报警。

（8）振动保护：可防止振动干扰导致的误报警。

（9）通过速度：可从最快 100 人/min 往下自定义调节检测速度。

（10）计数功能：智能化的客流量和报警计数功能，可自动保存 20 000 次通过记录。

（11）万年历：可显示年、月、日、时、分。

（12）管理加密：防止数据被非法修改或误操作导致产品工作异常。

（13）恢复设置：可恢复出厂设置。

（14）应用选择：快速选择适合实际情况要求的通过速度和灵敏度。

（15）防水设计：采用进口防水合成纤维材料，通过精密的加工工艺制作而成。

（16）后备电源：野外或突然断电情况下电池可供电 8 h（选配）。

（17）联网功能：可连接电脑，实现远程参数设置、查询功能（选配）。

3. 技术参数

（1）电源：AC 85 ~ 264 V/50 ~ 60 Hz。

（2）功率：≤20 W。

（3）外形尺寸：2 230 mm（高）×830 mm（宽）×580 mm（深）。

（4）通道尺寸：2 000 mm（高）×710 mm（宽）×500 mm（深）。

（5）整机重量：约 68 kg。

（6）工作环境：-20 ~ 45 ℃。

四、S 型数码金属探测门

S 型数码金属探测门如图 3 - 20 所示。

1. 产品特点

（1）多频率工作，抗干扰性强。

（2）采用数字脉冲技术，性能稳定。

（3）模块化设计，零部件即拔即插。

（4）一键恢复出厂设置。

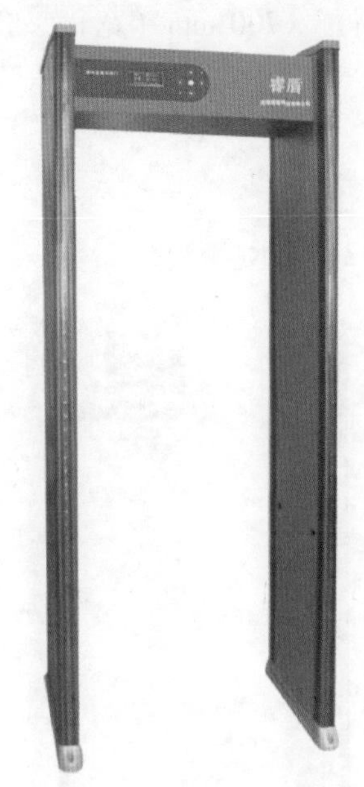

图 3-20　S 型数码金属探测门

（5）配置遥控器，操作方便。

2. 功能描述

（1）中英文显示：可根据需要选择相应的显示语言。

（2）LCD 背光：显示时间可在 1～99 s 范围内调整。

（3）识别功能：可识别被测物品大小。

（4）故障提示：系统出现故障时显示屏将自动显示故障内容。

（5）报警设置：声光同时报警，报警时间可在 1～25 s 范围内调整、音量可在 1～255 级范围内调整，音调可在1～11级范围内调整。

（6）灵敏度：区域灵敏度、总体灵敏度均可在 1～255 级范围内调整。

（7）探测区位：可根据需要设置单区或多区精确报警。

（8）振动保护：可防止振动干扰导致的误报警。

（9）通过速度：可从最快 100 人/min 往下自定义调节检测速度。

（10）计数功能：智能化的客流量和报警计数功能，可自动保存 10 000 次通过记录。

（11）万年历：可显示年、月、日、时、分。

（12）管理加密：防止数据被非法修改或误操作导致产品工作异常。

（13）恢复设置：可恢复出厂设置。

（14）应用选择：快速选择适合实际情况要求的通过速度和灵敏度。

（15）防水设计：采用进口防水合成纤维材料，通过精密的加工工艺制作而成。

3. 技术参数

（1）电源：AC 85～264 V/50～60 Hz。

（2）功率：≤20 W。

（3）外形尺寸：2 230 mm（高）×830 mm（宽）×580 mm（深）。

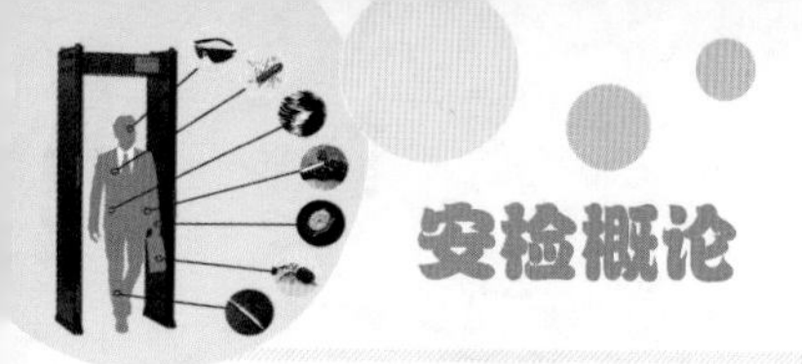

（4）通道尺寸：2 000 mm（高）×700 mm（宽）×500 mm（深）。

（5）整机重量：约65 kg。

（6）工作环境：－20～45 ℃。

五、A2型数码金属探测门

A2型数码金属探测门如图3－21所示。

图3－21　A2型数码金属探测门

1. 产品特点

（1）多频率工作，抗干扰性强。

（2）采用数字脉冲技术，性能稳定。

（3）模块化设计，零部件即拔即插。

2. 功能描述

（1）开机自检：设备开机自动检测硬件设施，如有故障显示故障部位及解决措施。

（2）显示面板：高亮度LED显示通过人数和报警人数。

（3）报警设置：声光同时报警，报警时间可在1～25 s范围内调整、连续音量可在255级范围内调整。

（4）灵敏度：区域灵敏度、总体灵敏度均可在1～255级范围内调整。

（5）探测区位：6区精确报警，门两边立柱可精确显示被测物体所在区位。

（6）计数功能：智能化的客流量和报警计数功能，并可以查询通过人数记录。

（7）工作频率：可以根据环境变化自动调整合适的灵敏度。

（8）识别功能：可根据报警音调自动识别金属物体大小。

（9）管理加密：双重密码保护，防止数据被非法修改或误操作导致产品工作异常。

（10）防水设计：采用进口防水合成纤维材料，通过精密的加工工艺制作而成。

（11）安装方便：一体化设计，仅需 20 min 即可安装或拆卸完毕，且左右门板可互换，主机箱也可随意调整。

（12）安全性能：对心脏起搏器佩戴者、孕妇、磁性介质等无害。

3. 技术参数

（1）电源：AC 85 ~ 264 V/50 ~ 60 Hz。

（2）功率：≤20 W。

（3）外形尺寸：2 230 mm（高）×830 mm（宽）×580 mm（深）。

（4）通道尺寸：2 000 mm（高）×700 mm（宽）×500 mm（深）。

（5）整机重量：约 65 kg。

（6）工作环境：−20 ~ 45 ℃。

第三节　爆炸物、毒品检测仪认知

一、便携式爆炸物、毒品检测仪

便携式爆炸物、毒品检测仪是新一代便携式爆炸物和毒品检测仪，该产品采用先进的光电离高分辨离子迁移谱（photoionization ion mobility spectrometer，PIMS）技术，不含放射源，对人体无任何辐射危害。其具有检测速度快、检测灵敏度高、功耗低、体积小、质量轻、便于携带、易于维护、使用环境适应性强等特点，能同时准确检测出黑火药及几乎全部爆炸物和毒品。

便携式爆炸物、毒品检测仪如图 3 − 22 所示。

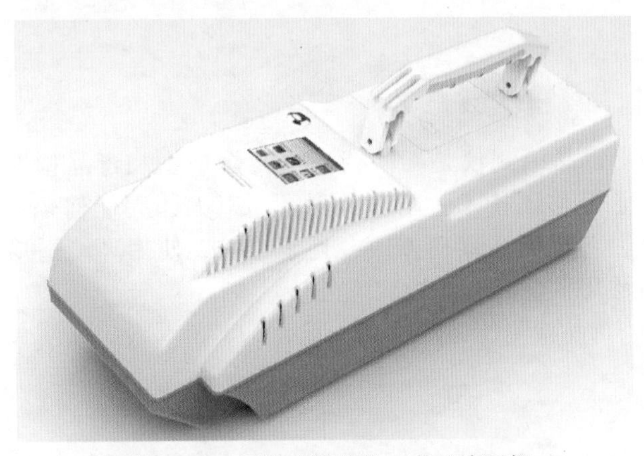

图 3 − 22　便携式爆炸物、毒品检测仪

1. 产品特点

（1）使用不含放射源的真空紫外光电离源，安全、方便，能同时准确分析出爆炸物和毒品成分。

（2）具有黑火药纳克级检测性能，能检测包括烟花爆竹、民用土制炸药等危险物品。

（3）检测分析速度比同类产品更快，2 s 内出结果。

（4）采用正、负双模式，可同时检测爆炸物和毒品。

（5）开放式数据库，样品库信息可随时升级。

2. 技术参数

（1）采用技术：光电离高分辨离子迁移谱技术。

（2）可检爆炸物：各种军用、民用和土制炸药等，如黑火药（black powder）、硝酸铵（AN）、梯恩梯（TNT）、泰安（PETN）、黑索金（RDX）、硝化甘油、奥克托今、特屈儿、二硝基甲苯（DNT）等。

（3）可检毒品：各种毒品，如盐酸可卡因、盐酸海洛因、四氢大麻酚、甲基苯丙胺（冰毒）、盐酸氯胺酮（K 粉）、盐酸吗啡等，并可根据需要添加新样本。

（4）采样方式：痕量颗粒吸附和试纸擦拭取样。

（5）灵敏度：纳克级。

（6）报警方式：声讯及显示屏信息双提醒。

（7）分析时间：≤ 2 s。

（8）预热时间：≤ 16.5 min。

（9）误报率：≤ 1%。

（10）检出率：≥ 99%。

（11）工作环境：-10 ~ 55 ℃，相对湿度 <99%。

（12）电源：AC 220 V 50 ~ 60 Hz/锂电池供电。

（13）电源适配器：输入 AC 220 V/50 ~ 60 Hz；输出 DC 16V。

（14）电池参数：锂电池组 16.8 V/13 Ah 连续供电不小于 2 h。

3. 应用领域

（1）机场、车站等重要场所的安检。

（2）国防安全。

（3）公共安全。

二、台式痕量爆炸物、毒品检测仪

台式痕量爆炸物、毒品检测仪是新一代光电离爆炸物和毒品检测仪，该产品采用先进的光电离高分辨离子迁移谱技术，不含放射源，对人体无任何辐射危害，具有检测速度快、检测灵敏度高、功耗低、移动方便、易于维护、使用环境适应性强等特点，能同时准确检测出黑火药及几乎全部爆炸物和毒品。

台式痕量爆炸物、毒品检测仪如图 3 - 23 所示。

图 3 - 23　台式痕量爆炸物、毒品检测仪

1. 产品特点

（1）使用不含放射源的真空紫外光电离源，安全、方便，能同时准确分析出爆炸物和毒品成分。

（2）具有黑火药纳克级检测性能，能检测包括烟花爆竹、民用土制炸药等危险物品。

（3）检测分析速度比同类产品更快，8 s以内就能出结果。

2. 性能指标

（1）采用VUV灯软电离技术，无放射性。

（2）正、负双模式，可同时检测爆炸物和毒品。

（3）具有黑火药纳克级检测性能。

（4）具有可再生气体净化系统。

（5）开放式数据库，可随时添加新待测物。

（6）一键式检测，操作简单。

（7）配备10英寸TFT彩色触摸屏。

（8）内置打印机可随时打印检测结果。

（9）试纸可反复擦拭取样。

（10）具有良好的网络数据传输和控制功能。

（11）USB接口可导出数据。

3. 技术参数

（1）是否含放射源：否。

（2）可检爆炸物：各种军用、民用和土制炸药等，如黑火药（black powder）、硝酸铵（AN）、梯恩梯（TNT），二硝基甲苯（DNT），三硝基苯甲硝胺，泰安（PETN）、无烟火药（gun power），NG炸药，黑索金（RDX），烟花爆竹，C4等爆炸物。

（3）可检毒品：可卡因、海洛因、安非他明、四氢大麻酚、脱氢麻黄碱冰毒、摇头丸等。

（4）取样方式：试纸擦拭取样。

（5）样本数据库：开放式数据库，可随时更新。

（6）报警模式：可选择声、光、电报警模式。

（7）灵敏度：皮克级（爆炸物）。

（8）分析时间：< 10 s。

（9）预热时间：< 20 min。

（10）误报率：≤ 1%。

（11）检出率：≥ 99%。

（12）功率：< 300 W。

（13）电源：AC 220 V/50 Hz。

（14）工作温度：-10 ~ 55 ℃。

（15）外形尺寸：380 mm（宽）×400 mm（长）×180 mm（高）。

（16）重量：< 15 kg。

4. 应用领域

（1）机场、车站等重要场所的安检。

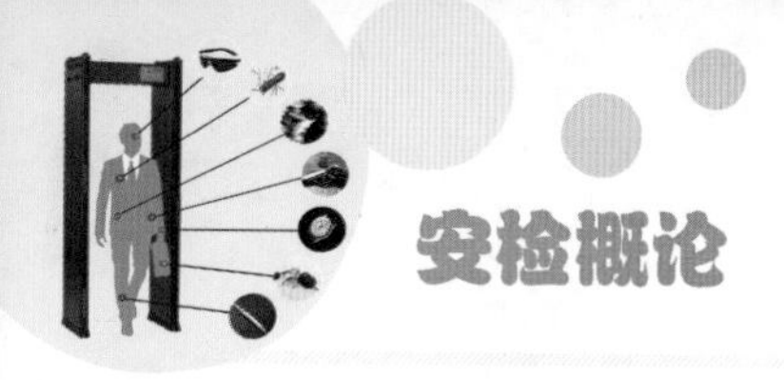

（2）国防安全。
（3）公共安全。

第四节　液态安检仪认知

一、危险液体检查仪

危险液体检查仪如图 3－24 所示。

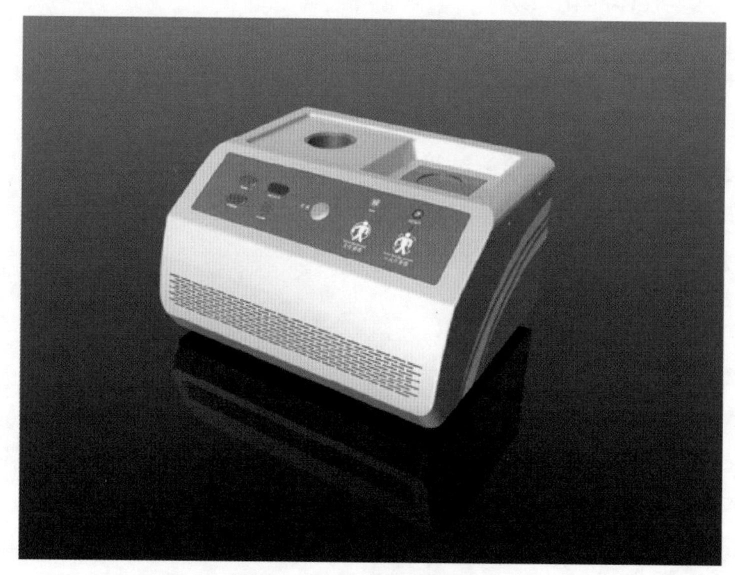

图 3－24　危险液体检查仪

1. 产品特点

（1）设计绿色环保：采用超宽带脉冲微波反射法及热导法，无辐射，对人体及被检物品均无伤害，检测方法环保、安全。

（2）检测范围广：可检测 30 种以上各种类型的危险液体，包括汽油、煤油、柴油、盐酸、硫酸、硝酸、乙醚、异丙醚、石油醚、乙醛、乙二醇、硝基苯、环氧丙烷、正庚烷、松香水、丙酮、苯、甲苯、二甲苯、二氯乙烷、异丙醇、二硫化碳、甲醇、硝基甲烷、三氯甲烷、正己烷等各种易燃、易腐蚀性液体，即使是浓度非常低的稀硫酸、稀盐酸和稀硝酸也可以百分百准确地检测出来。

（3）检测速度快：非金属材质瓶装液体检测时间平均为 0.5 s，金属材质瓶装液体检测时间平均为 7.5 s。

（4）报警设置多样：检测结果通过指示灯报警、声音报警两种模式进行提醒。

（5）检测容器底部：被检测容器内无须留有很多液体即可检测。

2. 性能指标

（1）可适用液体包装材料：铁、铝、塑料、玻璃和陶瓷等不同包装材料。

（2）可检测危险液体类别：易燃、易爆、易腐蚀性危险液体。

（3）可检测容积尺寸：

30 mm≤陶瓷罐、玻璃瓶、PET 塑料瓶直径≤200 mm；

金属罐（铁、铝罐）直径≤80 mm。

（4）可检测有效距离：距金属容器底部 30 mm，非金属容器底部 60 mm。

危险液体显示：指示灯为红色，并伴随蜂鸣器长响。

安全液体显示：指示灯为绿色，并伴有蜂鸣器短响。

开机时间：2.3 s，无须预热。

自校验功能：具有自校验功能，自校验时间 1.8 s。

自动计数功能：可自动计算检测物体数。

身份验证功能：具有身份验证功能。

人机界面：设备人机界面提供全中文界面，并且自带光源。设备使用人员可根据工作环境通过键盘调整设备参数。

检测方式：独家首创的瓶底检测方式。

可检测液体类别：普通测量模式和强酸、强碱模式下，仪器能够对 93#汽油、盐酸、硫酸、石油醚等 32 种密封容器中的易燃或易腐蚀危险液体报警。

检测时间：绝缘容器（塑料、玻璃、陶瓷容器）为 1 s；导电容器（铝罐、铁罐）为 7.6 s。

报警方式：声、光、液晶图文显示，提示音报警。

报警复位：设备在发生报警后能够手动或自动复位，以便进行下一次检测。

数据存储检查：具有检测结果存储及检索功能，可存储 10 000 次检测结果，并能够用标准网络接口或 USB 等接口将数据导出，可以通过 PC 机上的软件读取和分析。

3. 技术参数

（1）外形尺寸：460 mm（宽）×367 mm（深）×260 mm（高）。

（2）重量：≤14 kg。

（3）功耗：10 W。

（4）电源：AC 180 ~ 240 V/50 ~ 60 Hz。

（5）检测瓶温度：5 ~ 35 ℃。

（6）储存温度 / 相对湿度：−40 ~ 60 ℃/5% ~ 95%（不结露）。

（7）运行温度 / 相对湿度：15 ~ 35 ℃/5% ~ 95%（不结露）。

二、手持式液体检查仪

手持式液体检查仪如图 3 − 25 所示。

1. 产品特点

手持式液体安全检测仪，是一款专门用于探测易燃、易爆液体的安检仪器。手持式液体检查仪体积小、分析快、操作简便，能够在不接触液体的情况下快速辨别出易燃、易爆液体，被广泛应用于火车站、地铁、机场、公检法政府机构、大型运动会等场所的安检工作。

2. 技术参数

（1）组成：主机、充电底座等。

（2）主要尺寸及重量：214 mm（长）×50 mm（宽）×75 mm（高），约 200 g（含电池）

图 3－25　手持式液体检查仪

（3）开机启动时间：<1 s。

（4）分析测试时间：约 1 s。

（5）可检测容器尺寸：不小于 5.5 cm×1.5 cm，最小容量 50 ml。

（6）报警方式：声音液晶图文显示报警。

（7）人机界面：提供全中文界面，自发光 OLED 屏显示。

（8）数据存储：存储数据不少于 20 万条。

（9）工作温度范围：－10～55 ℃。

（10）可探测危险液体种类：汽油、煤油、柴油、无水乙醇、丙酮、石油醚、二氯乙烷、三氯甲烷、除油剂、环氧丙烷、正已烷、硝基甲烷、叔丁醇、正戊醇、异丙醚、乙醚等近三十种易燃、易爆危险液体。

第五节　手持金属探测仪认知

一、1001 型手持式金属探测器

1001 型手持式金属探测器如图 3－26 所示。

1. 应用范围

1001 型手持式金属探测器适用于机场、车站、海关、码头、体育场（馆）等场所的安全检查。

2. 功能特点

（1）流线设计，美观大方，灵敏度极高。

（2）重量轻、检测探头面积大，探测速度快。

（3）报警模式可选：LED 灯光闪烁的同时鸣声报警或振动报警。

（4）坚固耐用，从 1 m 高度落下无损伤。

（5）具有电压指示灯/充电指示灯提示功能。

图 3 – 26　1001 型手持式金属探测器

3. 探测距离

1001 型手持式金属探测器的感应灵敏度根据被探测金属物体的体积、大小、密度，周围环境等因素的不同而变化。出厂时探测距离标准如下。

（1）大头针：30 ~ 60 mm。

（2）一元硬币：75 ~ 100 mm。

（3）六寸匕首：160 ~ 180mm。

（4）六四式手枪：180 ~ 195mm。

4. 技术参数

1）报警指示

（1）黄色 LED 灯持续点亮：已探测目标。

（2）绿色 LED 灯闪烁：开机。

（3）红色 LED 灯闪烁：低电压指示。

2）报警信号

（1）声音模式：蜂鸣器和红色 LED 灯闪烁。

（2）振动模式：振动和红色 LED 灯闪烁。

3）电池

使用一个 9V 碱性电池或锂电池。

电池使用寿命：28 h（碱性电池）；30 ~ 40 h（锂电池）。

4）温度

–15 ~ 45 ℃。

5）频率

25 Hz。

6）复位时间

0.5 s 后自动复位。

7）尺寸

外形尺寸：375 mm（长）×77 mm（宽）×26 mm（高）。

8）重量

225 g（不含电池）。

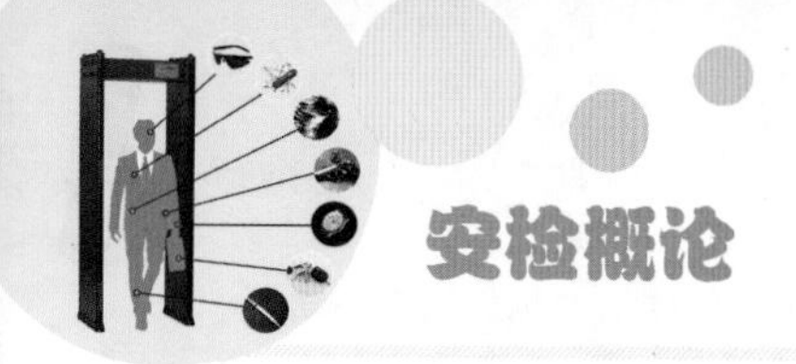

二、1001B 型手持式金属探测器

1001B 型手持式金属探测器如图 3－27 所示。

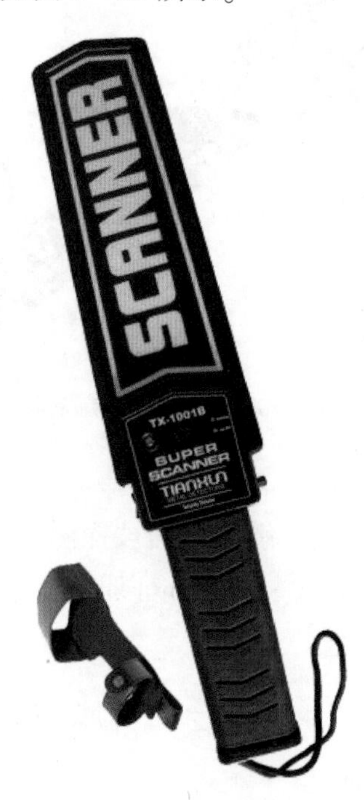

图 3－27　1001B 型手持式金属探测器

1. 产品特点

1001B 型手持式金属探测器是一款高性能的，专为安检工作设计的金属探测器，本产品可以在机场、车站等场所，检测包裹、行李、信件中的金属。

（1）高灵敏度。

（2）使用简单、方便，无须调试。

（3）电池电压的 9 V 降至 7 V 左右时，探测距离不变。

（4）用电省，可连续工作 40 h 左右。

（5）报警方式：声（振动）加光报警。

（6）电池用完时有连续的声音或振动报警。

（7）有开机、关机声音或振动提示功能。

（8）有高、低两种灵敏度可供选择。

2. 产品用途

（1）机场、车站、码头电子探测检查。

（2）海关、公安、边防、保卫部门安全检查。

（3）医药、食品等行业质量检查。

（4）重要场所、运动场所安全检查。

（5）制币厂、金银首饰厂等单位的贵重金属检查。

3. 探测距离

（1）大头针：30～60 mm。

（2）六寸匕首：160～180 mm。

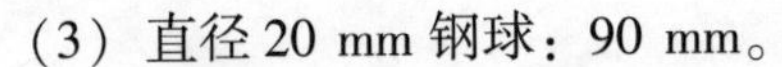

(3) 直径20 mm钢球：90 mm。

4. 技术参数

(1) 外形尺寸：410 mm（长）×85 mm（宽）×45 mm（高）。

(2) 工作电源：标准9 V叠层碱性电池。

(3) 产品重量：409 g。

(4) 电压：9 V电池或充电电池。

(5) 功率：270 mW。

(6) 工作频率：22 kHz。

(7) 工作温度：-5～55 ℃。

三、3003B1型手持式金属探测器

3003B1型手持式金属探测器如图3-28所示。

图3-28　3003B1型手持式金属探测器

1. 产品性能及特点

(1) 配备皮套，方便携带。

(2) 具备充电功能，充电时间为4～6 h。

(3) 当电压不够时，指示灯不亮或无报警声。

(4) 报警方式有声加光报警、振动加光报警，可灵活选择报警方式。

(5) 在使用低灵敏度开关功能时，探测器只会对大件金属物品发出报警，而不会对小金属物品报警（在完成低灵敏度探测前请不要松开低灵敏度开关）。

2. 技术参数

(1) 最高灵敏度：20 cm（38式手枪）；15 cm（小刀）；10 cm（刀片）。

(2) 外形尺寸：410 mm（长）×85 mm（宽）×45 mm（高）。

(3) 工作电源：标准9 V叠层碱性电池。

(4) 报警模式：声（振动）加光报警。

(5) 产品重量：409 g。

四、PD140型手持金属探测器

1. 产品特点

PD140型手持金属探测器为意大利进口产品，用于对人体、包裹、行李、纸箱等物体内藏匿的武器、雷管和微小金属物品进行探测。PD140型手持金属探测器探测面的特殊设计，使该设备灵敏度高且操作方便。

PD140型手持金属探测器如图3-29所示。

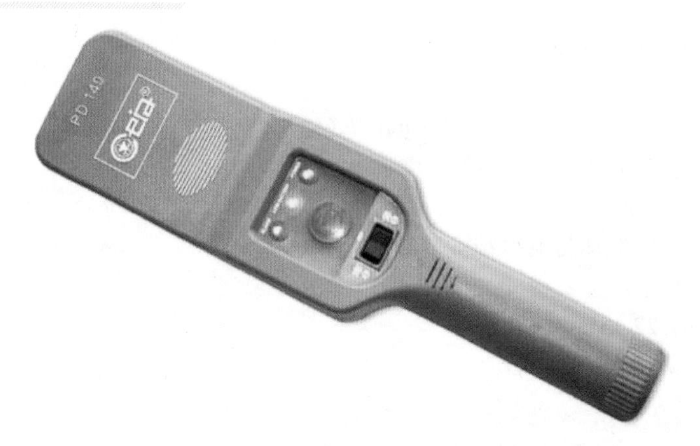

图 3－29　PD140 型手持金属探测器

2. 适用范围

PD140 型手持金属探测器适用于：法院、监狱、看守所、体育馆、博物馆、娱乐场所、机场、车站、港口、工业设施、军事设施、金融机构、大型活动现场等。

3. 技术参数

（1）尺寸：340 mm（长）×40 mm（手柄直径）×80 mm（宽）。

（2）电源：9 V 叠层碱性电池或 9 V 镍镉充电电池。

（3）工作温度：－15～60 ℃。

（4）重量：400 g。

（5）探测灵敏度分高、中、低三挡。

五、盖瑞特超高灵敏度手持金属探测器

盖瑞特超高灵敏度手持金属探测器为美国进口产品，其探测精度高、操作简单、外形轻巧美观，声音清脆响亮。其特别适合在对探测灵敏度要求极高的公共场所或工厂使用。

盖瑞特超高灵敏度手持金属探测器如图 3－30 所示。

图 3－30　盖瑞特超高灵敏度手持金属探测器

1. 产品特点

（1）超高灵敏度，可探测到极小的金属或磁性极弱的金属，如大头针、刮胡刀片、金银等。

（2）如遇干扰可通过调节按钮消除干扰。

（3）开机自动检测，无须调整，扫描面积大，可快速准确完成探测。

（4）可根据金属的大小、多少、探测距离的远近，使用强弱变化的声音结合 LED 指示灯来准确提示金属的具体情况，也可配合耳机（选购）的使用以实现静音模式。

（5）具有方便灵活的高低灵敏度快速切换按钮，一键完成高低灵敏度的调节。

2. 技术参数

（1）工作频率：95 kHz。

（2）重量：500 g。

（3）单个包装尺寸：520 mm（长）×95 mm（宽）×50 mm（高）。

（4）电源：1 节 9 V 碱性电池（可供正常工作 80 h）。

（5）指示器：扬声器、LED 指示灯。

第六节　其他相关设备

一、便携式扩音器

便携式扩音器能将声音进行放大，使其传得更远。在人流嘈杂的机场、车站等公共场所，扩音器有助于安检员进行现场作业。便携式扩音器如图 3－31 所示。

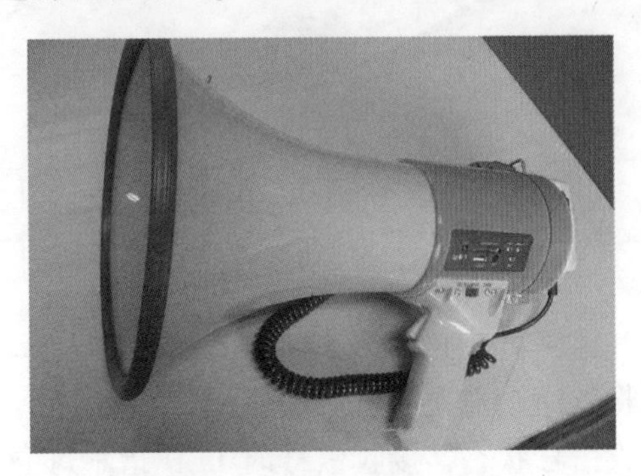

图 3－31　便携式扩音器

（1）电源开关按键：长按 1 s 后开机，长按 2 s 后关机。

（2）电池电量显示：在开机的状态下按一下电源开关键，显示机内电池的电量。低电量时，灯光将闪烁，并自动关机。

（3）音量调节按键：按“＋”键增加音量，按“－”键减少音量。

（4）音乐功能按键：按该键可在播放音乐和 AUX 音频输入间进行切换。

（5）电源指示灯：通电后，亮红灯。

（6）MIC 输入插孔：将头戴式麦克风插入此孔，进入扩音状态。

（7）AUX 输入插孔：用随机配置的连接线将外部音频信号导入扩音器，使扩音器作为有源音箱使用。

（8）充电电源输入插孔：将标配的 10.6 V 直流电源线缆插入此孔进行充电。

(9) TF 存储卡插口：插入 TF 存储卡时，听到“哒”的一声，TF 存储卡被锁住；取卡时只要将卡往下按，听到“哒”的一声，TF 存储卡会自动弹出来。

(10) 移动存储盘插孔：可支持大容量 U 盘。

(11) 电池仓：内置大容量锂离子电池。

便携式扩音器使用方法如下。

(1) 将扩音器佩戴于腰间，将头戴式麦克风佩戴于头部，连接好麦克风和扩音器。

(2) 长按电源开关按键 1 s，设备开机，调节扩音器音量，即可开始使用。

便携式扩音器使用注意事项如下。

(1) 长时间不使用时，将电池充满。

(2) 电量低时应及时充电。

(3) 不要将外部的源信号从 MIC 插入，以免声音过大而失真。

(4) 为了保证充电器的最佳性能，应使用专用充电器。

(5) 为了达到良好效果，应对准头戴式麦克风的“咪心”处发音，以防方向不正产生啸叫声。

(6) 禁止对非充电电池进行充电。

二、手持对讲机

手持对讲机是一种体积小、重量轻、功率小的无线对讲机，适合各种近距离场合下，流动人员之间进行通信联系。手持对讲机如图 3－32 所示，其使用方法如下。

图 3－32　手持对讲机

(1) 顺时针扭动电源开关开机，并调节到适当的音量。

(2) 旋转频道选择器将频道锁定在约定的频道。

(3) 默认状态为待接收信号状态，接收信号时 LED 指示灯亮绿灯，扬声器传出对方呼叫的内容。

(4) 需要呼叫时，按下左侧“PPT”开关，然后对着麦克风讲话（麦克风离嘴唇 3～4 cm），讲完后松开“PPT”开关，进入待接收信号状态。

第四章　安检工作流程及作业标准

知识目标

- 安检工作流程；
- 安检岗位职责。

技能目标

- 遵守安检岗位职责；
- 运用规范的安检工作流程解决实际问题。

案例导入

事件经过：

旅客王先生乘坐××航班由广州飞往北京，在进行安全检查时，安检员把王先生的包放入筐内，然后力度较大地将筐放在传送带上。王先生见状提醒安检员包内有电子设备，请其小心摆放，但安检员并没有理会王先生的提示，接着又把装有王先生手机和钱包的另一个筐以同样的力度“扔”到传送带上。整个过程中，安检员动作不规范，力度偏大，引起王先生的不满，并进行了投诉。

原因分析：

安检员的工作态度不端正、岗位动作不规范、责任心不强、个人修养及服务意识有待提高。

部分安检员随意性较强。在高峰时段，安检员拿放受检人行李、物品的动作幅度偏大的情况时有发生，在重视工作速度的同时忽略了工作质量，以及受检人的感受。

安检员如带情绪上岗，并存在以个人主观意识为主导，放松对自身的要求，出现立岗姿势松散，甚至有故意刁难受检人等行为，这些都会对工作造成不良影响。

改进提示：

虽然高峰时段受检人流量大、安检工作强度相对提高，但工作质量丝毫不能放松，向旅客提供满意服务的意识绝不能忽视。对待旅客的物品应视同己出，轻拿轻放，感同身受，换位思考。注重安检员的心理健康、思想意识教育，加强服务礼仪规范、心理自我调节能力的培训，端正工作态度，避免将个人情绪带到工作岗位上，导致影响工作效率、服务质量。值班领导应加大巡视监管力度，尽可能全面、及时掌控勤务现场的工作情况，及时发现存在的问题并第一时间解决，避免问题升级。

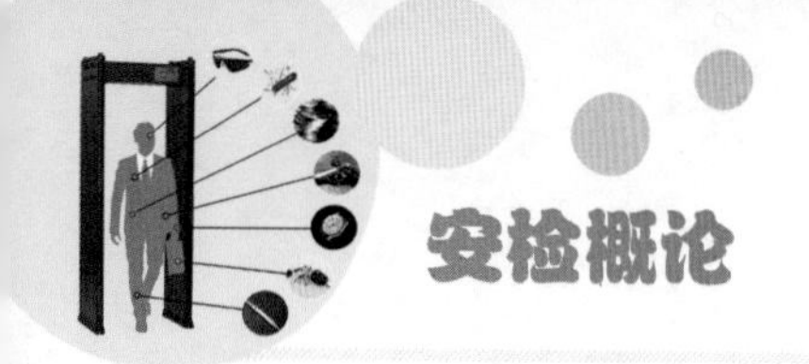

第一节　安检工作流程

一、安检工作常规流程

当日第一班安检工作流程如表 4 – 1 所示。

表 4 – 1　当日第一班安检工作流程

序号	时间	流程	内容及标准	备注
1	当日第一班上岗前	第一班签到	安检员应于上班前到值班室签到，不得代签、补签；同一安检员连续上班必须分别签到、签离，未按规定签到、签离视为缺勤	应准备专用签到本用于安检员签到、不得与其他保安岗位、业务技术岗位、保洁岗位等的签到本混用
2		安检当班负责人参加班会前	由相关领导下达上级通知或要求	
3		检查着装	统一穿着安检制服，着装整齐，仪容良好	符合相关着装、形体规范
4		清点设备	确保设备齐全，性能良好	
5	开始安检	按规范开展安检工作	按作业规范进行	
6	非高峰时段	工间休息	在非高峰时段可安排两次离岗不离现场的工间休息，每次休息不超过 15 分钟	工间休息不可合并，也不可与就餐时间段相连
7	11:00 至 13:00 之间（应避开高峰时段）	轮流午餐	每人用餐时间不超过 20 分钟	超过时间视为擅自离岗

安检工作具体流程如下。

1. 岗前准备

（1）集合点名：安检当班负责人根据工作要求，集合安检员，开展点名工作，执勤人员须全部到位。安检班组集合点名如图 4 – 1 所示。

图 4 – 1　安检班组集合点名

（2）着装检查：各岗位人员相互整理帽子、上衣、标识、裤子、鞋子等，发现问题进行调整。

（3）到达现场：要求提前20分钟到达执勤现场。

（4）分配岗位：按照任务要求，按小组分配岗位，确定小组组长。

（5）传达要求：安检当班负责人现场叙述各岗位的岗位职责、注意事项等。

（6）分配装备：以小组为单位，配发对讲机、对讲耳机、取证仪器、手持探测仪等装备。

（7）检查装备：测试、检查装备的性能，确定装备的使用分工（装备如有问题须及时上报安检当班负责人，以便进行调整）。

2. 开展执勤

（1）文明执勤：安检各岗位人员要做到语言文明、动作文明、微笑执勤。安检员列岗执勤如图4－2所示。

图4－2　安检员列岗执勤

（2）检查安检设备：值机员提前10分钟开启安检设备，其他岗位人员配合进行安检设备性能检测。

（3）事件处置：发现不配合检查者，安检人员须立即上报组长，组长与其沟通，如无效果，上报安检当班负责人及现场公安人员，请求指示。经检查发现受检人携带疑似违禁物品的，安检人员立即请对方配合，进行复查。对于查出的违禁物品，安检人员须按规定妥善处理。

（4）违禁物品的保管：安检人员明确告知对方，对于违禁物品本部门无保管和丢失赔偿义务。收缴的物品须集中存放，并做好书面记录，禁止据为己有。

3. 任务结束

（1）做好交接班：本班各岗位与下一班对应岗位做好交接班工作。安检班组交接班如图4－3所示。

（2）上交违禁物品：安检人员上交违禁物品，组长负责盘点，核对记录本。以小组为单位，配合安检当班负责人，向执法部门或上级相关部门上交违禁物品。

（3）上交装备：组长负责检查对讲机、对讲耳机、取证仪器、手持探测仪等装备的使用情况，检查无问题，上交安检当班负责人。

（4）关闭设备：当日最后值勤的班组，待安检当班负责人下达停止工作命令后，各小组关闭安检设备。根据需要，做好设备断电、防雨、防盗、防破坏等保管工作。

图 4－3　安检班组交接班

（5）收队撤回：各小组进入集合地点，安检当班负责人整队清点人数，讲评执勤工作，收队撤回。安检班组集合收队如图 4－4 所示。

图 4－4　安检班组集合收队

二、安检模式

安检工作按严格程度分为三种模式。

1. 常态安检模式

最低级别的安检模式为常态安检模式，其主要适用于日常情况，执行标准为逢包必检、逢液必检、遇有突发事件或纠纷等其他情况及时联系属地民警。

2. 加强安检模式

较高级别的安检模式为加强安检模式，其主要适用于重要节假日期间，执行标准为逢包必检、逢液必检、逢疑必检，人身抽查的抽检数不低于 10～20 次/h。安检员服从各安检点的驻点民警指挥。

3. 特别安检模式

最高级别的安检模式为特别安检模式，其主要适用于特殊时期，按照政府和公安机关要求，需要重点防范时采用，执行标准为逢包必检、逢液必检、逢人必检，全面开展人身安检工作。各安检点每班至少增设一名安检员。安检点上的安检工作由民警指导，武警、特警等力量参与安检作业。

第二节　安检员岗位职责

一、安检员通用职责

（1）参加业务培训和军事训练，提高业务能力。

（2）保持个人良好形象、维护业主单位良好社会形象。

（3）熟练掌握各种安检设备的操作及违禁品识别知识。

（4）了解工作区域基本情况。

（5）及时上报各类异常信息。

（6）依法合理地处置突发事件，做好相应记录。

（7）宣传安检相关法律法规。

（8）监控受检人流，引导受检人员进入安检通道。

（9）维护、保持工作区域清洁卫生。

二、安检各岗位职责

1. 引导员岗位职责

（1）负责观察受检人员动向，向值机员和手检员等岗位同事预警可疑人员和物品。

（2）及时提醒携包受检人员将包放入 X 射线安检机检查，分流无行李受检人员快速通过。

（3）配合手检员对不配合安检的人员进行劝阻。

（4）控制受检人员的流向进程，合理安排受检人员阶梯进入备检状态，防止安检通道拥堵。

2. 值机员岗位职责

（1）熟记易燃、易爆及其他禁止携带的危险品的种类和典型外部特征。

（2）熟练操作 X 射线安检机，能够通过图像识别各类危险品，及时、准确地发现可疑人物。

（3）严格遵守上报流程，及时、准确并采用适当的方式（尤其注意避免惊动危险人员）将安检作业中遇到的各种情况或信息传递给后传员或其他当班同事。

（4）负责各类安检设备的摆放及保管。

3. 后传员岗位职责

（1）在常态安检模式和加强安检模式下，承担手检员的职责，负责对通过 X 射线安检机的可疑行李或其他物品进行开包检查。

（2）负责提醒受检人，防止误拿行包或物品。

（3）负责对 X 射线安检机检查出来的液体进行复检，执行逢液必检的规定。

（4）负责或配合引导员提醒未将行李或其他物品放入 X 射线安检机检查的受检人按规定将自己的行李或其他物品放入 X 射线安检机。

（5）负责安检工作记录簿的填写工作。

4. 身检员岗位职责

（1）执行“男不检女”的规定。

（2）仪器与手工相结合进行检查。

（3）顺应身体的形状，自上而下、从左至右，通过触摸、按压，以及使用金属探测器进行检查，用手探的方法检查藏匿的物品。

（4）遇有安检门、金属探测器报警时，必须取出或判明金属物品后复检。

（5）重点检查的部位有肩胛、胸部、腋下、腰部、臀部、裆部、大小腿内侧、脚踝。

（6）对受检人随身携带的危险物品立即收缴，通知安检当班负责人及公安人员处置，没有携带危险物品和违禁品的旅客给予放行。

5. 手检员岗位职责

（1）熟记易燃、易爆及其他禁止携带的危险品的典型外部特征。

（2）对受检人携带的超长、超高、超大的物品（体积大于 X 射线安检机检测通道）；易碎物品（例如：玻璃器皿、工艺品等）；易损物品（食品、药品等）；金属类工具等不宜使用 X 射线安检机检查的物品进行手检。

（3）对可疑箱包进行细致检查。

①开包前应有公安人员在场，告知受检人不得携带易燃、易爆危险物品。

②查包时态度和蔼、使用文明用语。

③对受检人的箱包要轻拿轻放。

④开包检查时，尽量请受检人自行打开箱包。

⑤需要让箱包重新通过安检仪时，引导受检人自行将箱包放在安检仪上。

⑥查包时应从外到内、从上到下、逐一检查。

⑦受检人自行打开箱包后，开始进行包内物品检查。

⑧对查获的危险物品做好登记，并交公安人员处置。

⑨对查验的物品不试、不尝、不触动、不损坏。

⑩确认无危险物品后，按包内物品原来的摆放位置进行复位，恢复包装，交回受检人。

（4）对受检人携带的液体执行逢液必检的规定。

（5）严格执行上报流程，及时、准确并采用适当的方式（尤其注意避免惊动危险人员）将安检作业中遇到的各种情况或信息传递给其他当班同事。

（6）遇特殊群体，包括残障人士、孕妇及行动不便的受检人主动进行手检。

安检设备摆放和各岗位人员站位示意图如图 4－5 所示。

安检现场如图 4－6 所示。

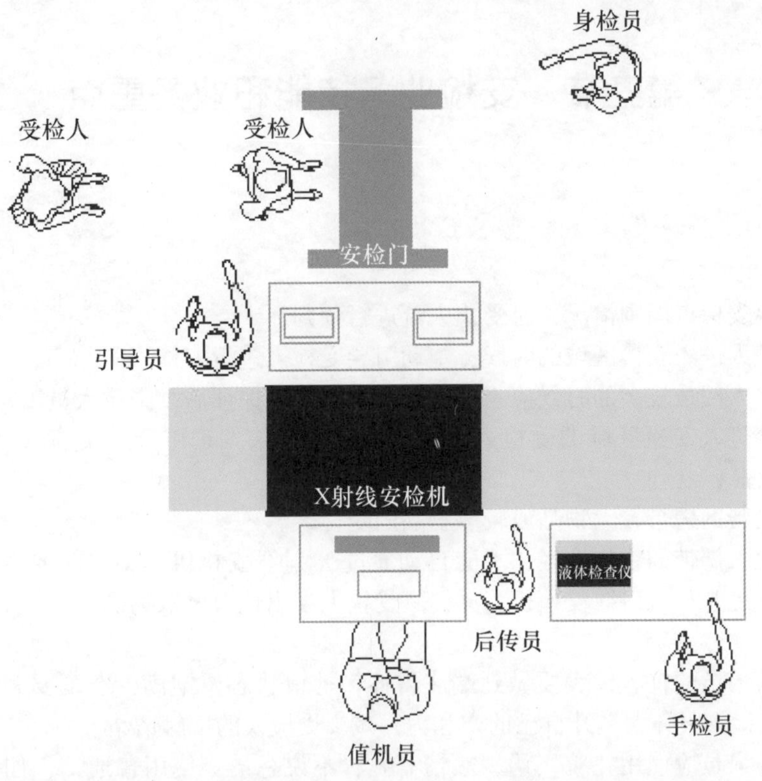

图4－5　安检设备摆放和各岗位人员站位示意图

图4－6　安检现场

第三节　安检业务技能和业务重点

一、引导受检人的关键步骤和技巧

1. 关键步骤

（1）观察安检点周围情况，对受检人流进行预判。

（2）受检人进入安检区域的时候，主动引导受检人进行安检。

（3）受检人数量较多的时候应当进行限流引导，以保证后续岗位人员工作的正常开展。

（4）观察进入安检区域的受检人员是否可疑，如果发现可疑人员应立即示意值机员、手检员重点检查。

（5）适当帮助携带较大物品或较多物品的受检人。

（6）受检人携带的物品较轻，不能自动通过 X 射线安检机的铅帘时要主动帮助受检人推一下物品使其进入 X 射线安检机，并提醒受检人在出包口拿取物品。

2. 技巧

（1）安检人员的仪容仪表要做到端庄得体，神情状态要饱满，态度要和蔼，以良好的精神面貌为受检人服务，提升自己的亲和力，减少受检人的抵触情绪。

（2）安检人员应使用礼貌用语，热情有礼，不说忌语，使用普通话，如有必要可以适当使用其他语言。

（3）语言引导清晰，声音大小适当，为老年人服务时声音可大点。

（4）要时刻保持敏锐的观察力和高度的警惕性，耳听八方，眼观六路，及时发现工作中将要出现的各类突发状况，第一时间作出相应的处置。

（5）严格遵守相关规章制度及工作操作规范，做到文明执勤、热情服务、首问负责。

安检人员引导受检人如图 4－7 所示。

图 4－7　安检人员引导受检人

二、X射线安检机识图的关键步骤和技巧

1. 关键步骤

（1）通过X射线安检机成像规律对进入仪器的物品进行初判。

（2）对难以看清的物品使用放大、高穿或超级增强等辅助功能进行判别。

（3）对一时难以准确识别的可疑物，通知或暗示后传员或其他岗位的安检员进行开包或其他方式的处置。

（4）若显示屏中出现的物品过多，应停止皮带转动同时提醒引导员限流。

2. 技巧

（1）角度决定形状——同一件物品在X射线安检机通道内摆放的角度不同，屏幕上显示的形状也就不同。

（2）距离决定大小——根据投影原理，物品离X射线源越近，其图像就越大，相反物品离X射线源越远，其图像就越小，当物品紧贴着X射线源的时候，其显示的图像极大（近大远小）。

（3）亮度显示密度——物质密度越高其吸收X射线量就越多，其显示的颜色就越暗（蓝色、黑色、红色），相反，物质密度越低，其吸收X射线量就越少，显示的颜色就越亮（橙色）。

（4）颜色表示成分——有机物在屏幕上显示的颜色是橙色（密度较小）；无机物在屏幕上显示的颜色是蓝色、黑色、红色（密度较大）；金属物质，混合物在屏幕上显示的颜色是绿色即有机物与无机物的重叠部分。

3. 八大判图法

（1）颜色判图法：依据物体的颜色来判断物体每个位置的成分是属于有机物还是无机物。

（2）层次判图法：X射线在穿透路径上透过多个物体的“重叠”部分，获取的图像是多个物品叠加在一起的效果，可根据物体的轮廓来判断这个物品的形状。

（3）比例判图法：根据物体的大小比例去识图，结合实物进行对比判断，实物要比显示器图像中的物体大三到五倍。

（4）还原判图法：根据“角度决定形状”的规律，对图像进行空间扭转想象或重现，必要时可调整包裹进行判断。

（5）特征判图法：根据各种违禁物品独有的特征进行判断，如雷管中的引火头，手枪弹夹等。

（6）密度判图法：根据图像上某部分的颜色，判断该部分物品的大致密度范围和材料构成。

（7）结构判图法：根据某些生活用品或违禁品内部必然存在的数个组成部分判断，如照相机包括镜头和机身等部分。

（8）综合判图法：将前面几种方法综合应用，用层次、比例、还原判图法来识别物体的大小、形状；用颜色、密度判图法来判别物体的成分：用结构判图法来确定物体内部的具体结构。一般使用综合判图法对复杂的包裹进行识别。

X射线安检机识图如图4－8所示。

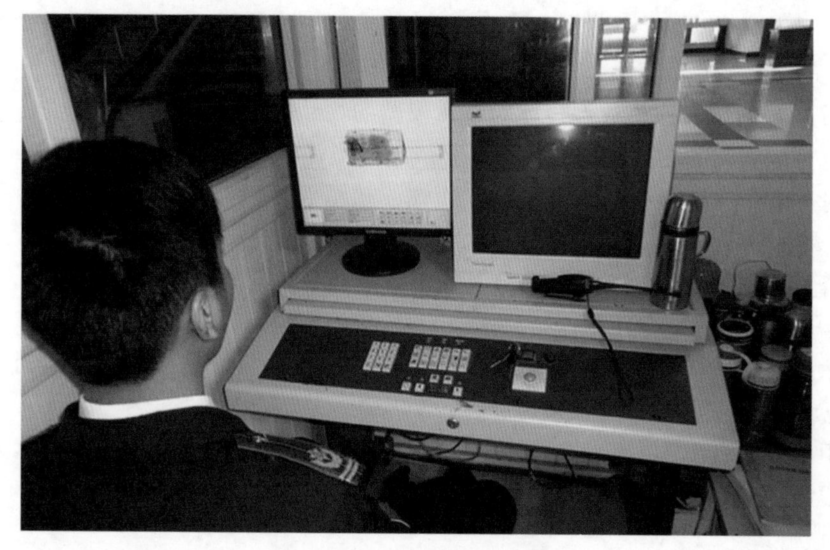

图4－8　X射线安检机识图

三、对液体进行检测的关键步骤和技巧

1. 关键步骤

（1）提醒受检人员将包内或手上的液体交给自己以便进行检查。

（2）使用液体检测设备或是用看、摇、嗅等方法进行检测。

（3）如液体安全，要谢谢受检人员的配合。

（4）如液体可疑，应询问受检人员此液体为何种液体。

（5）如液体为限带违禁品，应告知受检人员相关规定，请其合理处置物品。

（6）如液体为严禁携带的违禁品，应立即进行人物分离，示意其他安检人员向公安部门报告，在保证安全的前提下稳住受检人。

2. 技巧

（1）查包装：原始包装是否完好，有无可疑之处。

（2）摇晃液体：轻轻摇动透明材质包装的液体，看是否有泡沫出现并快速消失（易燃、易爆液体具有此特点）。

（3）闻液体气味：鼻子靠近瓶口闻液体是否有异常（酒的气味香浓，汽油、酒精、香蕉水的气味刺激性大），闻时要注意安全。

（4）仪器检查：经首次仪器检查，怀疑为危险液体的，要使用仪器多复查几次，不能武断地认定液体的性质。

（5）受检人试喝：注意观察受检人的表情，如出现勉强忍受的表情要特别注意。

（6）切勿在检查过程中发生液体泄漏。

（7）具有明显易燃、易爆属性的液体，应注意安全，轻拿轻放。

（8）在使用设备进行检测时，被测液体水平线应高于检测设备。

（9）若在检查过程中需对容器进行开封或开盖，在检查完毕后，必须注意要拧紧以避免液体泄漏引起纠纷。

对液体的检测如图4－9所示。

图 4－9　对液体的检测

四、开包检查的关键步骤和技巧

1. 关键步骤

（1）请受检人将包内物品取出复检。

（2）帮助受检人将包放在查包台上。

（3）提示受检人将疑似违禁品的物品拿出。

（4）如受检人不愿意拿出，可以征得受检人同意后替受检人将包内物品一一拿出进行检查。

（5）逐一对受检人的物品进行查看，确认是否有违禁品，可以使用仪器帮助进行确认。

（6）如无违禁品，须谢谢受检人的配合，告知其已通过安检。

（7）如有限带违禁品，告知受检人相关规定，请其自弃或采取其他措施。

（8）如有严禁携带的违禁品，立即进行人物分离，示意其他安检人员向公安部门报告，在保证安全的前提下稳住受检人。

（9）做好违禁品登记和情况上报工作。

2. 技巧

（1）在检查过程中使用文明用语、普通话对受检人进行语言引导和提示。

（2）在进行开包检查时应规范操作，尽量做到让受检人自行开包接受检查，遇有不配合的且包内有国家法律法规明文禁止携带的管制物品时，应及时转交公安机关处理。

（3）检查包的内层和夹层时应用手沿包的各个侧面上下摸查，将所有的夹层和内层完整地、认真地检查一遍。

（4）手检员在开包手检之前务必与值机员形成默契配合，值机员必须准确无误地进行包裹图像识别，尽可能避免不必要的开包检查。

（5）在开包检查结束后，若未发现违禁物品，应礼貌地谢谢受检人的配合。若出现误开包或开错包的情况，应主动向受检人致歉。

（6）可以先询问受检人是否携带了某种违禁品，受检人确认携带，则请其拿出查看。受检人不确定是否携带，则请其将包内物品拿出以方便进行检查。

（7）受检人不愿动手拿包内物品时，可以询问其是否让安检员帮助其将包内物品拿出。

（8）物品要逐一拿出，轻拿轻放，从上到下，从外到里。

（9）若未发现违禁物品须按顺序将物品放回包内，双手递给受检人，谢谢受检人的配合，并告知其已通过安检。

开包检查如图 4 – 10 所示。

图 4 – 10　开包检查

五、人身检查的关键步骤和技巧

1. 关键步骤

对受检人进行人身检查以仪器检查为主、手工检查为辅。

（1）指引受检人接受人身检查。身检员 45°斜角面向受检人，语言引导："您好，请您双臂微张，五指分开，左脚（右脚）平跨一步。"

（2）实施检查。

①前半身检查：由左手臂开始，依次经过左肩、左衣领、左前胸、前腰、左腿，一直延伸到左脚脚踝位置，并转向右脚踝，向上延伸至右前胸，在右衣领处手检设备翻面，延伸至右手小臂位置，到此前半身检查完毕。

②后半身检查：由头部开始，手检设备与肩平行向下延伸至后腰位置，再由右后腿以 V 形线路检查到左后腰位置，检查完毕。

（3）检查过程中发现受检人身上携带的物品为危险物品时，应用语言引导受检人到一旁接受询问，并第一时间上报相关负责人及公安机关。若未发现危险物品应用语言和手势引导受检人离开安检区域，并使用感谢词。

2. 技巧

（1）在检查过程中须使用文明用语、普通话对受检人进行语言引导和提示。

（2）伸手提示受检人进行人身检查的时候要注意目视受检人，面带微笑，提前伸手，不要等受检人到面前了才伸手示意。

（3）提醒受检人平举双臂，可以做演示动作提醒受检人。

（4）手的力度要控制好，不要令受检人感到不适，尽量不要触摸受检人裸露的皮肤。

（5）手检的关键部位：头部、肩胛、胸部、手部（手腕）、臀部、腋下、裆部、腰部、腹部、脚踝。

（6）前、后腰位置平行推拉并配合手指进行适当力量的按压，以感觉出受检人身体或衣物内不相贴合、不自然的物品，对取出物品的部位应再用手复查，排除疑点后方可进行下一步检查。检查是顺着身体的自然形状，通过摸、按压、拍打感觉出藏匿的物品。拍打是指手在不离开异物或受检人身体的情况下用适当的力量进行按压，以查出异物或受检人身体内不相贴合、不自然的物品。

（7）发现禁止携带的物品和违法犯罪行为时，立即示意其他安检人员向公安机关报告，在保证安全的前提下稳住受检人。依据法律，公民有检举违法犯罪行为的义务，这一点对履行安检职责的人员而言，更是应尽的义务。

人身检查如图 4－11 所示。

图 4－11　人身检查

六、各岗位之间配合、补位的关键步骤和技巧

1. 配合

（1）引导员与身检员的配合。

当引导员发现有漏检的受检人并来不及劝导、阻止时，应及时提醒身检员对漏检的受检人进行引导和检查。

（2）值机员与后传员、手检员的配合。

当值机员发现受检人的物品需要进行开包检查（询问）时，应及时提醒后传员作出反

应，告知后传员哪个包（包的形状等特征）需要进行开包检查。

后传员接到值机员示意后，应及时配合手检员对相应的包进行检查（如本班未配备手检员，则应由后传员实施开包检查）。

（3）引导员、后传员与值机员的配合。

当引导员或后传员发现 X 射线安检机入口（出口）处有“卡包”、液体洒落或其他意外情况时，须及时提醒值机员按下 X 射线安检机暂停键，并根据现场实际情况作出反应和处理。

（4）后传员与手检员的配合。

携带液体的受检人未按要求“试喝一口”时，后传员可示意手检员，手检员再次提醒受检人“试喝一口”，如遇受检人不配合可用液体检查仪进行检查。

当手检员和后传员相互之间需要协调时，后传员或手检员在岗位条件允许的情况下可协助对方完成相应工作，完毕后应及时回到自己所在的岗位。

2. 补位的技巧

（1）善于观察，眼观六路，耳听八方。

（2）有责任心，乐于助人，熟悉每个岗位的工作要求和标准。

（3）面带微笑，态度谦和，肢体动作和语言表达大方得体。

（4）遵守标准工作流程，动作准，反应快。

3. 配合、补位的关键因素

（1）人流量大小。根据人流量大小预判其他岗位人员是否需要协助，提前做好准备协助或补位的准备。

（2）老弱病残孕幼受检人。老弱病残孕幼受检人通过安检时，尽可能主动上前服务，并协助其他岗位开展工作。

（3）携带物品数量。如遇受检人员携带物品数量较多时，应提前做好岗位间的协作准备。

（4）不熟悉安检流程的受检人。受检人不熟悉安检流程时，要做好协助其他岗位的准备，以提高安检效率。

七、识别可疑人和可疑物

1. 可疑人

（1）精神恐慌、言行可疑、伪装镇静者。

（2）冒充熟人、假献殷勤、接受检查过于热情者。

（3）表现不耐烦、催促检查或者言行蛮横、不愿接受检查者。

（4）窥视检查现场、探听安全检查情况等行为异常者。

（5）匆忙赶到安检现场者。

（6）公安部门等单位掌握的嫌疑人和群众提供的有可疑言行的人员。

（7）上级和有关部门通报的来自恐怖活动频繁的国家和地区的人员。

（8）着装与其身份不相符或不合时令者。

（9）男性青、壮年受检人。

（10）检查中发现的其他可疑人员。

（11）身体上有文身或刀伤者。

（12）极少数极端民族主义者。

2. 可疑物

（1）用X射线安检机检查时，图像模糊不清而无法判断物品性质的。

（2）用X射线安检机检查时，发现疑似有电池、导线、钟表、粉末状、液体状、枪弹状物及其他可疑物品的。

（3）X射线安检机图像显示有容器、仪表、陶瓷等物品的。

（4）照相机、收音机、录音录像机及电子计算机等电器。

（5）受检者特别小心或时刻不离身的物品。

（6）受检者携带的物品与其职业、事由或季节不相适宜的。

（7）受检者声称是帮他人携带的物品。

（8）现场表现异常的受检者或群众揭发的嫌疑分子所携带的物品。

（9）公安部门通报的嫌疑分子或被列入查控名单的人员所携带的物品。

（10）受检人携带密码箱（包）进入探测门或检查区域发生警报的。

八、不同受检人携带行李、物品的特点

1. 受检人的差异分类

受检人的差异主要包括地区差异、气质差异、年龄差异、性别差异、职业差异、职务差异、零散与团体的差异，以及初次接受安检与经常接受安检的差异。

2. 掌握受检人及其行李、物品差异的意义

（1）有助于维护公共安全，提高安检工作的质量。

（2）有助于掌握受检人的心理，提高服务质量。

（3）有助于提高自身心理素质。

3. 箱包的分类

（1）受检人携带的箱包按大小可分大、中、小三类。

①小型包包括手包、电脑包、旅行包、小型行李箱、礼品箱、工具箱、手提袋等。

②中型包包括双肩背包、旅行包、礼品箱、工具箱、手提箱、中型行李箱等。

③大型包包括大型编织口袋、大型行李箱等。

（2）受检人携带的箱包按材料分软体包、硬体包两类。

①软体包包括：手包、电脑包、腰包、女士单肩包、手提袋、双肩背包、旅行包。

②硬体包包括：行李箱、工具箱。

4. 受检人携带的物品分类

（1）有机物：书本杂志、食品、衣服、饮料、水果、药品及化妆品等。

①饮料、物品或化妆品大部分是瓶装的，要注意物品中有无医用酒精或酒精棉花，化妆品中有无大容积指甲油、洗甲液和香水。

②注意有无小动物如鸭、小狗、兔子等。

（2）无机物：电器、工具、刀具、金属工艺品、其他生活物品。

电器主要包括以下类型。

①笔记本电脑类：笔记本电脑及其充电器等。

②手机类：手机及其充电器。

③随身听类：收音机、CD机、MP3、MP4等及其充电器。

④相机类：胶卷相机、数码相机等及其充电器。

⑤摄像机类：磁带摄像机、数码摄像机等及其充电器。

⑥其他类：电吹风、电动牙刷、电动按摩器等。

其他生活物品类包括：钥匙、雨伞、水杯、眼镜、餐具、手表、硬币、打火机，等等。

男性受检人大多会携带打火机，打火机根据材料不同可分为金属打火机和塑料打火机（安检人员进行人身检查时要注意区分不要产生误判），个别男性受检人会携带具有攻击性的防身物品，如电击器、护手（虎指）、自锁刀等。

女性受检人大多会携带各类化妆品，一般会将化妆品集中放在挎包或化妆包内，很多化妆品中含有易燃、易爆物质，如止汗喷雾、指甲油等。有些女性受检人会携带用于防身的催泪瓦斯，一般会把催泪瓦斯放在随身小包内。

九、最高技能——责任心

以上介绍的是安检工作中常见的关键步骤和技巧，但安检工作并不局限于上述工作环节和技巧。安检现场受受检人、设备、所处地域、季节等因素的互相作用，情况错综复杂，本书无法把所有的情况都涵盖，还有很多关键环节和技巧需要靠个人去摸索和总结。安检工作虽然要倚重设备和技术，但更为倚重的还是一份高度的责任心、敏感的意识和丰富的经验，所以从这一点来看，做好安检工作的最高技能是责任心。要获取这一最高技巧，长期的工作经验是必须的。新入职的安检员在培训过程中，现场轮岗在一定程度上能加快工作经验的积累。在此，本书列举日常训练中应重点关注和把控的几个环节，希望读者能加以重视。

（1）要做到5勤，即勤看、勤听、勤问、勤记、勤动手。

（2）低人流时，在带班人员的指导下，试验性地操作现场设备。

（3）在高峰期帮助现场工作人员做一些登记之类的辅助性工作。

（4）当现场发生纠纷时，不轻易开口和参与处理，避免引发次生纠纷。

（5）如果发现现场工作的疏漏和问题，要大胆指出，但方式要隐蔽，避免再次发生纠纷。

（6）注意实际工作中与理论学习中有出入的地方，分析其成因和解决方式 。

（7）要写好跟岗日记。

第四节　工作纪律

安检员行为规范及工作纪律如下。

（1）必须精神饱满、姿态端正。安检员精神饱满、姿态端正如图4－12所示。

（2）必须动作规范、举止文明。

（3）必须着制服上岗。

（4）必须着装整洁，不准披衣、敞怀、挽袖、卷裤腿、穿拖鞋或赤足。

（5）必须在工作中使用文明语言。

（6）不准在执岗时有趴桌、托腮、睡觉现象，不准嬉笑打闹、大声喧哗。

（7）不准斜倚靠墙或弓腰驼背。

（8）不准男性安检员留长发、大鬓角和络腮胡，女性安检员发辫不得过肩。

图4－12　安检员精神饱满、姿态端正

(9) 不准文身，不得染发、染指甲，不得化浓妆、戴过多首饰。

(10) 不准在工作期间袖手旁观或将手插入衣兜。不准搭肩、挽臂，不准边走边吸烟、吃东西、嬉笑打闹。

(11) 不准在车站内有随地吐痰、乱扔废弃物等不文明行为。

(12) 必须签到、签离，不准代签、补签。

(13) 必须将重要安检信息进行及时汇报。

(14) 必须服从上级人员的现场管理。

(15) 必须爱护并正确使用安检设备，上岗前清点、检查所用设备。

(16) 必须及时、准确地对检查出的违禁物品及人身抽查情况进行登记，并将查没物和受检人的自弃物及时上交公安机关。

(17) 必须佩戴工作证上岗。

(18) 不准在上岗期间做聊天、吃零食、看书报等与本职工作无关的事情。

(19) 不准在工作场所内使用手机（班组长因工作需要除外）。

(20) 不准在安检记录本上乱写乱画。

(21) 不准擅自接受新闻媒体采访。

(22) 不准迟到早退，擅离职守。

(23) 不准与受检人争吵或发生肢体冲突。

(24) 不准在上岗前或在岗时饮酒，在岗期间身上有酒气视为岗前饮酒。

除上述条款外，安检人员必须遵守社会公德及其他符合社会公允价值观的行为准则。

第五章　安检工作服务标准

第一节　安检人员服务礼仪规范

一、安检人员执勤规范

安检人员在执勤时，应当遵守下列规定。

（1）执勤前不吃有异味的食品，执勤前八小时内不喝酒。

（2）执勤期间，必须精神饱满，态度端正，动作规范，举止文明；必须持证上岗，佩戴工作证上岗；必须签到、签离，不准代签、补签；必须及时汇报重要安检信息；必须服从上级工作人员的现场管理；必须爱护并正确使用安检设备，上岗前清点、检查所用设备；必须按照操作流程和标准进行作业；必须及时、准确地对检查出的违禁物品及人身抽查情况进行登记，并将查没或受检人自弃的物品及时上交公安机关。

（3）执勤期间严禁出现趴桌、托腮、假睡、嬉笑打闹、大声喧哗、斜倚靠墙、弓腰驼背等现象；不准袖手或将手插入衣兜；不准搭肩、挽臂、边走边吸烟、吃东西；不准在工作场地随地吐痰、乱扔废弃物；不准在上岗期间（包括班前点名期间）做聊天、吃零食、看书报等与本职工作无关的事情；不准在工作场所使用手机（班组长因工作需要除外）；不准在安检台账本上乱写乱画；不准擅自接受新闻媒体采访；不准迟到早退，擅离职守。

（4）尊重受检人的风俗习惯，对旅客的穿戴打扮不取笑、不评头论足，遇事不围观。

（5）态度和蔼，安检动作规范，不得推拉受检人。按章办事，遇受检人刁难时，不准与乘客争吵或起肢体冲突。处理问题讲究方式、方法，做到以理服人。

（6）自觉使用安检文明执勤用语，热情有礼，不说服务忌语。

（7）爱护受检人的物品，检查时轻拿轻放，不乱翻、乱扔。

（8）上下班途中或列队出勤时，不得嬉笑打闹。在工作场地休息期间，不得在座椅上躺卧，自觉维护安检形象。

（9）自觉遵守公共秩序和社会道德。

二、仪容仪表规范

安检人员在执勤中，应仪容整洁，仪表端庄。

（1）留长发（头发过肩）的女性安检人员身着工作制服时，应将头发挽于头花网内；男性安检人员不准剃光头，不准留长发、大包头、大鬓角和胡须；男性安检人员鬓发不盖及耳部，头发后部长度不及衣领。不留怪发，不用艳色发饰，前发不遮眼，不用带刺激香味的发乳、摩丝；若染发要尽量选择贴近天然头发的颜色，不得染黄、红、白等夸张的颜色。

（2）手部应随时保持双手清洁，勤洗手，不可有污渍、笔迹；勤修指甲，不留长指甲，不使用有色指甲油，保持指甲清洁；严禁在手背或身上纹字、纹画。

（3）面部不浓妆艳抹，不戴奇异饰物。

（4）站立时应当做到：头正、颈直、肩平、收腹、腰立、收臀、腿直、脚靠、手直。坐姿应当做到：头正、颈直、肩平、挺胸、收腹、腰立。

（5）指向时应当做到：掌心向上，五指并拢，拇指自然张开；以肘为轴，前臂自然上抬伸直；视线移向指示方向、做到“四”到位（即手到、眼到、话到、表情到）。

三、着装规范

安检人员执勤时必须穿安检工作制服，并遵守下列规定。

（1）佩戴工牌、肩章、臂章，佩戴这些标识要清洁平整。

（2）着工作制服时，应衣装整洁，配套穿戴，不缺扣，不立领，不挽袖挽裤，衬衫必须束入腰带，穿黑（深）色皮鞋。

（3）除特殊情况外，各安检区域内各岗位人员的工作制服类型应尽量统一，冬、夏制服不得混穿。

（4）穿着制服时，佩戴首饰要规范，女性安检人员只能佩戴样式简洁大方的项链（不可露出制服）、戒指（只可戴一枚简单的）、耳钉（无坠，只可在耳垂上戴一对），其他饰品（如手链、手环等）和款式夸张的项链、脚链、戒指，一律不许佩戴。男性安检人员除婚戒外不得佩戴任何饰品。

（5）非工作时间仍穿着工作制服的员工，在工作地点的举止一律按上岗时的规定执行，在非工作地点的行为也应符合以上所述标准的一般规定。

四、语言行为规范

用语应当做到：使用普通话，语言表达规范准确，口齿清晰；对受检人的称呼应礼貌得体；做到“四不说”，即：不说有伤受检人自尊心的话，不说有伤受检人人格的话，不说教训、埋怨、挖苦受检人的话，不说粗话、脏话和无理的话。

在执勤时应自觉使用执勤文明用语，热情有礼，不说服务忌语，不对受检人外貌举止进行议论，不准与受检人发生冲突。注意运用“十字”文明用语（“您好”“请”“谢谢”“对不起”“再见”）。

五、礼节规范

在安检工作中，应注重礼节，要遵循以下原则。

（1）不卑不亢，有礼有节。坚持请字当先、谢字结尾。在受检人面前保持一种平和的心态，始终坚持微笑服务，彬彬有礼而不失大度，遇领导检查、受检人问询时需站立。

（2）尊重他人，主动服务。遇老弱病残孕受检人应主动服务，不得以貌取人，对少数民族受检人应尊重对方的风俗习惯。

第二节　主要服务忌语

一、冷漠、不耐烦、推脱的语句

（1）知道。

（2）不清楚。

（3）没时间，没看我正忙着吗？

（4）我解决不了。

（5）别问我，我不知道。

（6）人不在，等一会。

（7）不归我管，我不管。

（8）我们也没办法。

除以上列举的冷漠、不耐烦、推脱的语句外，还有其他不当语句，工作中要坚决禁用。

二、不当称呼

（1）喂。

（2）老头。

（3）当兵的。

（4）那个穿××（颜色）衣服的。

除以上不当称呼外，其他不当称呼也应禁用。

三、斥责、责问的语句

（1）急什么？

（2）刚才不是和你说了吗？怎么还问。

（3）不是告诉你了，怎么还不明白。

（4）说了这么多遍还不明白。

（5）让你拿出来你就拿出来。

（6）叫你站住怎么不站住？

（7）吵什么？

（8）把东西拿过来检查。

除以上斥责、责问的语句外，其他斥责、责问的语句也应禁用。

四、讽刺、轻视的语句

（1）没出过门吗，不知道要安检吗？

（2）土老帽。

（3）乡巴佬。

（4）看你就不是个好人。

除以上讽刺、轻视的语句外，其他类似语句也应禁用。

五、生硬、蛮横的语句

（1）这是规定，就是不行。

（2）找别人去，我不管。
（3）不让带就是不让带。
（4）不检查就不能进，又没人请你。
（5）不愿意放弃违禁物品就不要来。
（6）有本事就去投诉我啊。
除以上生硬、蛮横的语句外，其他类似语句也应禁用。

第三节　称呼礼貌用语与岗位规范用语

一、称呼

在与受检人交流时，首先要使用标准、文明的称呼用语称呼受检人，这会在第一时间赢得受检人的好感。对女性受检人要根据年龄的不同，变换称呼，一般较为妥帖的称呼是“女士”；男性受检人可以使用尊称“先生”。对任何受检人的指代称呼，一律使用尊称“您”。

二、礼貌用语

在安检工作中，应做到“请”字开头，“谢”字结尾。注意运用“您好”“请”“谢谢”“对不起”“再见”等文明用语。

三、岗位规范用语

1. 引导员岗位规范用语

（1）“您好，请您接受安全检查”。
（2）“请您自觉排好队接受安全检查”。
（3）“带包的同志，请依次通过安检机”。
（4）“无包的同志，请走绿色通道”。
（5）“请您提前取下包裹接受安全检查”。
（6）“谢谢配合”。

2. 值机员岗位规范用语

（1）“您好，您的包里是否有疑是××（违禁品）的违禁品”。
（2）“您好，您包里是否有液体”。
（3）“您好，您包里的瓶子里装的是什么”。
（4）“谢谢配合”。

3. 后传员、手检员岗位规范用语

（1）“您好，请您接受安全检查”。
（2）“您好，请您将所携带的液体取出”。
（3）“您好，请您接受开包检查”。
（4）“您好，请出示证件并进行登记”。
（5）“您好，此物品属于易燃、易爆物品，不能带入，您可以自弃处理，或采用带回等其他方式妥善处理”。
（6）“您好，您的物品属于管制刀具类违禁物品，需没收并上报公安部门，请您配合”。
（7）“您好，请您携带好随身物品”。

（8）“谢谢配合”。

4. 身检员岗位规范用语

（1）“您好，请双手双举”。

（2）“您好，请您转身”。

（3）“您好，请通过”。

第四节　安检服务心理学基础知识

一、安检过程中受检人的心理状态

1. 受检人的认知心理

（1）受检人对安检现场环境的知觉。如环境是否整洁、美观、有序，检查设备设施是否齐全等都会使受检人产生不同的知觉感受。

（2）受检人对安检人员的知觉。这主要通过安检人员的仪表特征、姿态表情和语言三个途径获得。

2. 受检人的需求心理

1）时间上的需求

遇高峰时段，人流量剧增的情况下，部分受检人会因为赶时间而情绪稍显急躁，甚至可能十分冲动。对此，安检人员应该高度重视人流量较大情况下的安全检查，尽可能组织好人流，提高检查效率，方便受检人，使他们的情绪稳定。

2）安全的需求

安全的需求是受检人最重要的需求，安检人员应该严格查堵违禁品及可疑人员，杜绝漏检现象，最大限度地满足受检人的安全需求。

3）舒适的需求

由于安全检查是特殊形式的服务，开包检查、人身搜查时，可能会引起受检人的不满。在这种情况下，如果安检人员彬彬有礼，热情周到，受检人的心理就能得到某种程度的平衡。

4）自尊的需要

受检人自尊的需要，主要表现为期望受到人格尊重。安检人员首先要理解、尊重受检人自尊的需求，在安检过程中绝不能伤害受检人的自尊心，尤其是对伤、残等特殊受检人。

二、安检过程中受检人的心理差异

受检人由于民族不同、信仰不同、生活条件不同、受教育程度不同、社会地位不同，形成了不同的心理特征。在安检过程中受检人的心理差异，具体表现在以下几个方面：气质差异、年龄差异、性别差异、职业差异等。

三、安检人员必须具备的心理素质

（1）高尚的道德情操。

（2）敏锐的观察力。

（3）稳定的注意力。

（4）敏捷的记忆力。

（5）顽强的意志力。

第六章 安检安全知识

第一节 消防安全

一、消防安全概述

1. 安检服务场所的火灾特点

安检服务场所大多在车站、机场、剧院、大型活动现场等相对封闭的空间内，人和设备高度密集。在这种特殊的环境中，一旦发生火灾事故，其危害将是极其严重的。

（1）空间狭窄，大大增加了灭火、救援的困难。

（2）火灾产生的烟气在相对封闭的空间内弥漫，容易造成人员窒息死亡。

（3）地下、密闭空间人员疏散困难，公众在紧急情况下容易产生惊慌，进而相互拥挤而造成踩踏伤亡。

2. 交通消防安全的危害因素

1）电气线路、电气设备故障引发火灾

部分公共场所如车站、机场等建筑内电气线路，电气设备高度密集，这些电气线路和设备在运行中发生短路、过负荷、过热等故障是引发火灾事故的重要因素。

2）人为因素引发火灾

工作人员违章操作，用火不慎，公众携带易燃、易爆危险品，在公共场所吸烟，人为纵火等也可能引发火灾事故。

3）环境因素引发火灾

引发火灾的环境因素主要包括建筑物内部潮湿、高温、粉尘大、鼠害等；建筑物内部通风不畅，隧道散热不良等原因导致温度过高；隧道内漏水情况比较常见，地下湿气不易排出，导致地下空间湿度大；老鼠等小动物啃咬电缆、电线，上述环境因素可能造成电气设备、线路绝缘性能下降，造成电气设备短路引起火灾。

3. 消防安全管理

公共场所管理部门应结合自身特点制定完善的消防安全管理制度，完善消防组织，落实消防安全责任，重视消防安全教育和培训，加强防火检查、消防值班、消防设施（器材）检查、消防安全隐患整改、消防应急预案及演练、消防档案管理等方面的工作，对消防安全进行严格管理。

二、防火、灭火基本知识

1. 相关概念

1）“燃烧”的定义

燃烧是指可燃物与氧气或氧化剂作用发生的放热反应，通常伴有火苗和冒烟的现象。燃烧必须同时具备三个条件。

（1）可燃物，如汽油、液化石油气、木材、纸张等。

（2）助燃物，主要是空气中的氧气。

（3）着火源，如明火、电火花、雷击等。

只有以上三个条件同时具备，燃烧才会发生。燃烧根据表现形式不同可分为着火、自燃、闪燃、爆炸。

燃烧被人们控制利用，可以造福人类，一旦失去控制，将会造成极大危害。火灾是指在时间和空间上失去控制的燃烧所造成的灾害。火灾具有极大的危害性，主要表现在两个方面。

（1）人员伤亡。

（2）财产损失。

2）火灾的分类

国家标准《火灾分类》（GB/T 4968—2008），将火灾分为 A，B，C，D，E，F 六类。

（1）A 类火灾指固体物质（如木材、纸张等）火灾。

（2）B 类火灾指液体和可融化的固体物质（如汽油，乙醇等）火灾。

（3）C 类火灾指气体（如煤气、氢气等）火灾。

（4）D 类火灾指金属（如钠、钾等）火灾。

（5）E 类火灾指带电火灾。

（6）F 类火灾指烹饪器具内的烹饪物（如植物油脂）火灾。

3）化学危险物品

根据国家标准《危险货物分类和品名编号》（GB 6944—2012）的规定，所谓危险物品是指具有爆炸、易燃、毒害、腐蚀、放射性等特性，在运输、储存、生产、经营、使用和处置过程中，容易造成人身伤亡、财产损失或环境污染而需要特别防护的物质和物品，其中的化学物品则称为化学危险物品，具体包括以下种类。

（1）爆炸品。如黄色炸药、烟花爆竹、枪弹和雷管等。

（2）气体。如一氧化碳、二氧化碳、石油气、氢气、氧气、液化石油气、煤气和各类压缩气体等。

（3）易燃液体。如汽油、酒精（乙醇）、油漆、松节油、染色剂、香蕉水、煤油和印刷油墨等。

（4）易燃固体、易于自燃的物质、遇水放出易燃气体的物质。如磷、钠、钾、铝粉、锌粉等。

（5）氧化性物质和有机过氧化物。如亚硝酸钠、高锰酸钾、漂白粉、硝酸钠和氰酸钾等。

（6）毒害物质和感染性物质。如氰化钾、氰化钠等。

（7）放射性物质。如夜光粉等。

（8）腐蚀性物质。如盐酸、硝酸、硫酸、磷酸等。

（9）杂项危险物质和物品，包括危害环境物质。

2. 防火基本知识

一切防火措施都是以防止燃烧的三个条件同时结合在一起为目标。

1）防火的基本方法

（1）控制可燃物。例如以难燃或不燃材料代替易燃材料，对性质相互抵触的化学危险物品采用分仓、分堆存放等措施。

（2）隔绝助燃物。例如对密闭容器抽真空以排出容器内的氧气，在密闭容器内充入惰性气体等。

（3）消除着火源。例如在易燃、易爆场所严禁烟火，在有火灾危险的场所严格禁止电焊、气割等动火作业。

2）日常防火知识

（1）不乱丢烟头，不躺在床上吸烟；车站范围内严禁吸烟。

（2）不乱接、乱拉电线，电路熔断器切勿用铜线、铁线代替。

（3）炉灶附近不放置可燃、易爆物品。

（4）明火照明时不离人，不使用明火照明来寻找物品。

（5）必须使用明火时，要检查明火是否熄灭。

（6）多种大功率电器不要插在同一插座上使用。尽量少用或不用移动式的电源插座板。

（7）发现燃气泄漏，要迅速关闭电源阀门，打开门窗通风，同时切勿开启室内电源开关。

（8）不随意倾倒液化残液。

（9）公共场所严禁存放汽油、酒精、香蕉水等易燃易爆物品。

3. 灭火基本知识

火灾通常都有一个从小到大、逐步发展、直到熄灭的过程。火灾过程一般可以分为初起、发展、猛烈、下降和熄灭五个阶段。在火灾初起阶段，燃烧面积不大，火焰不高，辐射热不强，是扑灭的最好时机，只要发现及时，用较少的人力和应急消防器材就能将火控制或扑灭。

灭火的基本方法是根据起火物质和燃烧状态，在破坏燃烧必须具备的基本条件方面，采取的一些措施。灭火的基本方法有以下几种。

1）冷却灭火法

冷却灭火法就是将灭火剂直接喷洒在可燃物上，使可燃物的温度降低到燃点以下，从而使燃烧停止。用水扑救火灾的主要原理就是冷却灭火。

2）窒息灭火法

窒息灭火法就是采取措施，阻止空气进入燃烧区，或用惰性气体降低空气中的含氧量，使燃烧物质缺乏氧气而熄灭。如用湿棉被、湿麻袋覆盖在燃烧着的液化石油气瓶上。

3）隔离灭火法

隔离灭火法就是将正在燃烧的物品与附近的可燃物质隔离开，从而使燃烧停止。如拆除与火源毗连的易燃建筑结构，建立阻止火势蔓延的地带等。

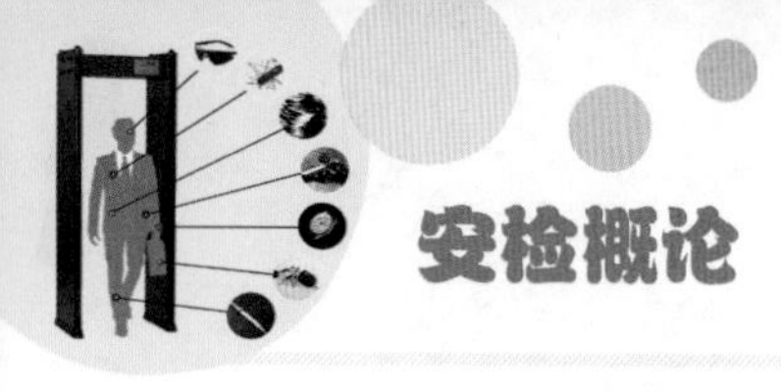

4）化学抑制灭火法

化学抑制灭火法就是将化学灭火剂喷入燃烧区参与燃烧反应，中止链反应而使燃烧反应停止，用灭火器向着火点喷射灭火就是化学抑制灭火法的一种。

三、消防设备设施分类

1. 灭火器

灭火器是一种轻便的灭火器材，是扑救初起火灾最常用的灭火设备。灭火器种类较多，常用的灭火器主要有手提式干粉灭火器、手推型二氧化碳灭火器。

1）手提式干粉灭火器

手提式干粉灭火器主要用来扑灭固体、液体、气体和电气火灾。

2）手推型二氧化碳灭火器

手推型二氧化碳灭火器适用于扑救液体、气体、电气设备的初起火灾，如带电的电路、贵重设备、图书资料等。手推型二氧化碳灭火器按开关方式分为手轮式、鸭嘴式两种。

2. 消火栓给水系统

消火栓给水系统主要由消防水源（市政供水或消防水池）、消防水管、室内消火栓箱（包括水带、水枪、消防软管卷盘）和室外消火栓、消防水泵、消防水泵控制器等组成。

3. 火灾自动报警系统

火灾自动报警系统（FAS）是为了及早发现、通报火灾，以便及时采取措施扑灭火灾而设置于建筑物内的一种自动消防设施。火灾自动报警系统包括火警探测系统和自动灭火系统。火警探测系统包括烟、火和热量探测器等，自动灭火系统由给排水系统提供。

火灾自动报警系统主要由火灾报警控制主机、图形监视计算机（扩展工作站）、智能式光电感烟（感温）探测器、红外光束探测器、感温电缆、手动报警按钮、警铃及消防对讲电话等设备组成。

发生火灾时，火灾自动报警系统能通过发出模式指令使环境与设备监控系统（BAS）转入火灾模式运行，并能联合闭路电视系统、广播系统等机电设备实现辅助救灾。

四、公共场所防火控制措施

（1）公共场所内的垃圾应及时清理，可燃垃圾堆积时间应不超过一昼夜。

（2）严格执行禁烟规定，公共场所的控烟区域严禁吸烟，并应张贴“严禁吸烟”的标志。

（3）公共场所不得采用明火、火炉和电热取暖器采暖。

（4）严禁在公共场所私拉、乱接电气线路，严禁使用不标准用电设施设备及加装大功率电器设备，严禁擅自改装用电设备；下班前应切断电器电源。

（5）对公共场所发现的无主或无人认领的包裹、行李应转移至远离公众的安全区域，并立即按发现可疑物品的相关处理程序进行处理。

（6）发生火灾时，应当立即实施火灾应急预案，要做到及时报警、及时疏散人员、迅速扑救火灾，任何人都应无偿为消防工作提供便利，不得阻拦报警，应当为消防机构抢救人员、扑救火灾提供便利和条件。

（7）火灾扑灭后，发生火灾地点的消防责任部门应当保护现场，接受事故调查，如实提供火灾事故的情况，协助消防机构调查火灾原因，核定火灾损失，查明火灾事故责任，未经相关机关同意，不得擅自清理火灾现场。

五、消防重点部位防火规定

1. 确定重点部位

应确定公共场所的消防重点部位。

2. 重点部位防火规定

（1）出入重点部位人员应按要求履行登记手续。

（2）室内严禁存放易燃、易爆危险物品。

（3）室内电器用品的电线、插座、开关必须符合安全规定。室内电器用品发生潜在问题时，须及时处理，未处理前必须断开电源，禁止使用。

（4）室内禁止擅自接拉电源线，禁止违规使用电器。

（5）作业结束后，料净、场清，消除安全隐患。

（6）应熟练地使用灭火器，消防器材的配备应齐全、良好、有效，消防器材须安放在固定位置并熟知使用和保养方法，严禁随意移动和挪用。

（7）发生火情立即采取措施扑救，以防事态扩大，并及时报告。

（8）人员因故离开时，须断开电源开关。

（9）在重点部位进行维修作业时，提前做好预防措施。

六、火灾自救与逃生方法

1. 楼宇火灾自救

（1）发生火灾时，不要贪恋财物，应及时报警，积极自救。

（2）平时应了解、掌握必要的逃生路线。

（3）受到火势威胁时，要当机立断披上浸湿的衣物、被褥等冲向安全出口方向。

（4）穿过浓烟逃生时，要尽量使身体贴近地面，并用湿毛巾捂住口鼻。

（5）身上着火时，千万不要奔跑，可就地打滚或用厚衣物压灭火苗。

（6）遇火灾不可乘坐电梯，要走疏散楼梯逃生。

（7）室外防火门已发烫时，千万不要开门，以防火窜入室内。要用浸湿的被褥、衣物等堵塞门窗缝隙，并泼水降温。

（8）若所有逃生路线均被大火封锁，要立即回室内，通过打开手电筒，挥舞衣物、呼叫等方式向窗外发送求救信号，等待救援。

（9）千万不要盲目跳楼逃生，可利用疏散楼梯、阳台、水管等逃生，也可用绳子或把窗帘等撕成条状并连成绳索等方式逃生。

（10）在陌生的场所遇到火灾时，应沿安全出口指示方向逃生，不要惊慌失措，不要从众乱跑。

2. 交通场站火灾自救与逃生

（1）火灾发生后，交通场站工作人员应首先做好乘客的疏散、救护工作，并确保所有乘客安全疏散。

（2）火灾初期，在消防员到来前应积极组织灭火自救。

（3）交通场站工作人员开展灭火自救工作时应注意做好个人防护。

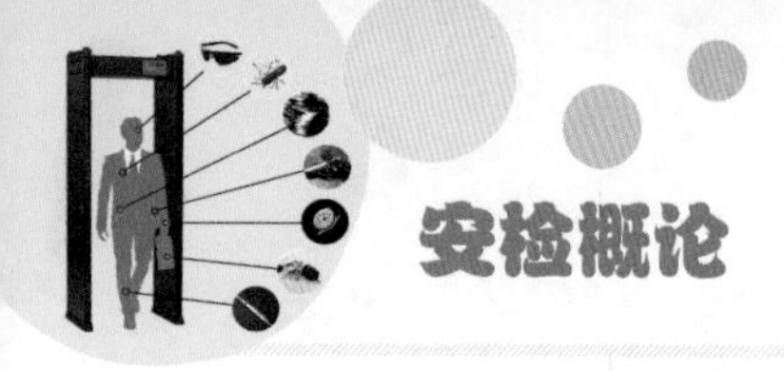

（4）消防员到场后，灭火任务应交给消防员。

（5）当火势不可控制，可能危及自身生命安全时，交通场站工作人员应主动撤离。

（6）受检人在交通场站遇到火灾时，应服从工作人员指挥，听从广播指引，沿疏散标志指示方向出站逃生。

（7）交通场站发生火灾时，不要使用垂直升降电梯。

3. 交通工具火灾逃生

1）交通工具在交通场站内发生火灾时的逃生

（1）乘客应保持镇静。

（2）按压交通工具内的紧急通话器，通知相关人员发生火情。

（3）在可能的情况下，使用交通工具内的灭火器灭火。

（4）必要时可操作交通工具紧急解锁手柄，向两侧用力推开出入门。

（5）向交通场站外疏散。

2）交通工具在通道内发生火灾时的逃生

（1）乘客应保持镇静。

（2）按压交通工具内的紧急通话器，通知相关人员发生火情。

（3）在可能的情况下，使用交通工具内的灭火器灭火。

（4）交通工具应尽可能进入交通场站进行人员疏散。

（5）在交通工具无法到达前方交通场站而又需要紧急疏散的情况下，乘客应听从广播的指挥。

第二节　警用器械的基础知识

公共场所是维稳防暴、反恐处突的重点部位，目前许多公共场所配备了防爆罐、防爆叉橡胶警棍、防暴盾牌、灭火毯等警用器材，以构建公共场所的“阻、防、攻、制”安全体系。

一、防爆罐

防爆罐是一种可防范及减弱爆炸物品爆炸时对周边人员造成损伤的器材。其按形状可分为桶型与球型两种，它们也分别称为防爆桶和防爆球。

1. 防爆桶

防爆桶是一种用于盛放爆炸装置的器材，其可以弱化爆炸装置的爆炸威力达到保护人员和财物的目的。防爆桶在室内使用时，要求空间高度在 6 m 以上。防爆桶由三重结构、四种抗爆材料组合而成，其外包不锈钢，上有抗爆盖。三重结构为：外罐、花罐、填充层（使用年限为五年，到期必须更换）；四种抗爆材料为：特种抗爆、抗老化、耐火抗爆胶、特制蓬松层。防爆桶组件为：防爆盖一件、罐一件、牵引钩绳一根。防爆桶如图 6－1所示。

2. 防爆球

防爆球在球体的下方安装有四个脚轮，可在平坦的地面推移，特别适合安放在人群积聚的机场、车站等公共场所用以临时储存爆炸物品。防爆球是密封式的容器，经过大量的试验证明，其具有极强的抗爆能力，爆炸物品即使在罐内爆炸，所产生的冲击波和碎片被阻隔在球内，对周围的人员和环境会起到很好的保护作用。防爆球如图 6－2 所示。

图 6－1　防爆桶

图 6－2　防爆球

二、防暴叉

防暴叉包括弧形叉、叉杆、齿轮杆三大组件。防暴叉使用效果好，容易控制目标，便于携带，对安保人员还有安全防护功能。防暴叉如图 6－3 所示。

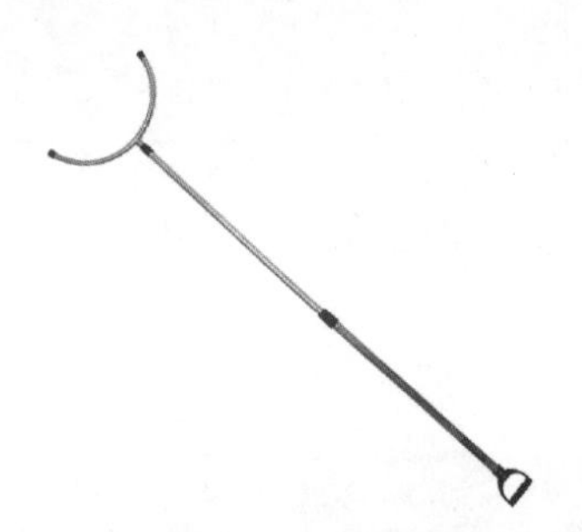

图 6－3　防暴叉

三、橡胶警棍

橡胶警棍的头部是空心的，其手把中有一钢芯，钢芯前部橡胶内埋设了一根钢丝弹簧。橡胶警棍在攻击时韧性和回弹性好，使用自如，且由于其头部为空心的，使用时不会导致伤残，是一种安全、有效的自卫防身和攻击警械，但因橡胶材质钝性偏大，力量集中，易造成内脏损伤。橡胶警棍如图 6－4 所示。

四、防暴盾牌

防暴盾牌是一种类似于盾牌的防御器具，由优质透明聚碳酸酯 PC 材料制成。防暴盾牌

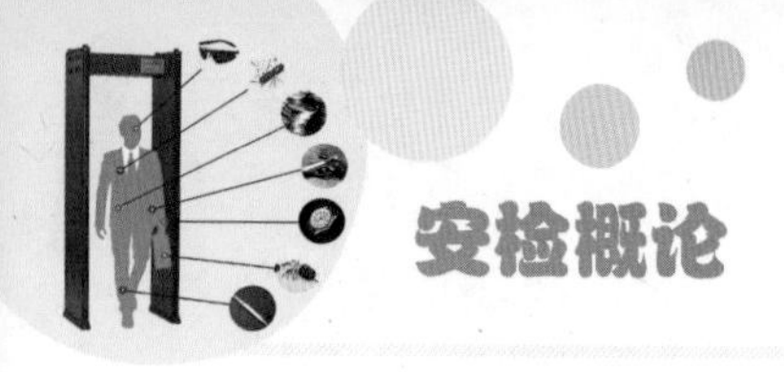

用于在镇暴过程中推挤对方和保护自己，可以抵挡硬物、钝器及不明液体的袭击，也可以抵挡低速子弹，但是不能抵挡爆炸碎片和高速子弹。防暴盾牌如图 6－5 所示。

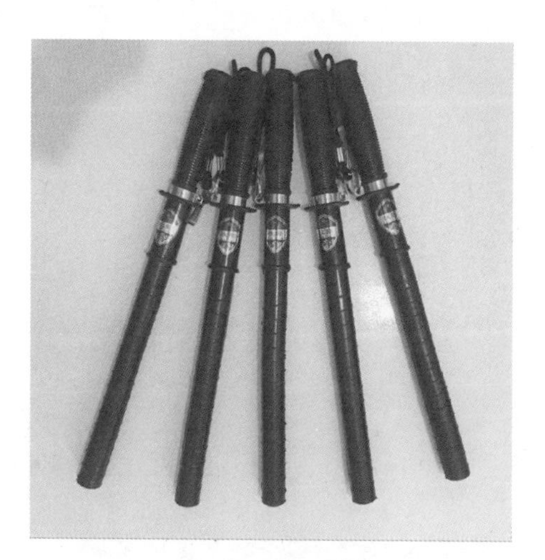
图 6－4　橡胶警棍

图 6－5　防暴盾牌

五、灭火毯

灭火毯是由玻璃纤维等材料经过特殊处理编织而成的织物，其能起到隔离热源及火焰的作用，可用于扑灭火或者披覆在身上逃生。在无破损的情况下可重复使用，其与水基型、干粉型灭火器相比较，具有以下优点。

（1）没有失效期。

（2）使用后不会产生二次污染。

（3）绝缘、耐高温。

（4）便于携带，配置简单，能够快速使用，无破损时能够重复使用。

在起火初期，将灭火毯直接覆盖住火源，火源可在短时间内扑灭。在发生火灾时，将灭火毯披盖在自己身体或包裹住被救对象的身体，迅速逃离火场，为自救或安全疏散人群提供了很好的帮助。

灭火毯如图 6－6 所示。

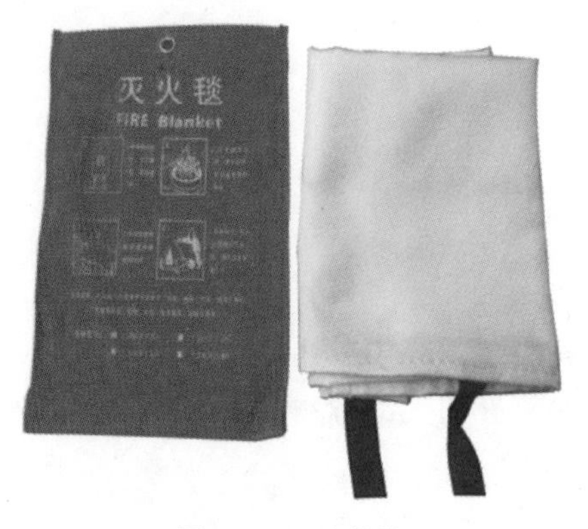

图 6－6　灭火毯

附录 A　中华人民共和国反恐怖主义法

2015 年 12 月 27 日第十二届全国人民代表大会常务委员会第十八次会议通过，根据 2018 年 4 月 27 日第十三届全国人民代表大会常务委员会第二次会议《关于修改〈中华人民共和国国境卫生检疫法〉等六部法律的决定》修正。

目　录

第一章　总则

第一条　为了防范和惩治恐怖活动，加强反恐怖主义工作，维护国家安全、公共安全和人民生命财产安全，根据宪法，制定本法。

第二条　国家反对一切形式的恐怖主义，依法取缔恐怖活动组织，对任何组织、策划、准备实施、实施恐怖活动，宣扬恐怖主义，煽动实施恐怖活动，组织、领导、参加恐怖活动组织，为恐怖活动提供帮助的，依法追究法律责任。

国家不向任何恐怖活动组织和人员作出妥协，不向任何恐怖活动人员提供庇护或者给予难民地位。

第三条　本法所称恐怖主义，是指通过暴力、破坏、恐吓等手段，制造社会恐慌、危害公共安全、侵犯人身财产，或者胁迫国家机关、国际组织，以实现其政治、意识形态等目的的主张和行为。

本法所称恐怖活动，是指恐怖主义性质的下列行为：

（一）组织、策划、准备实施、实施造成或者意图造成人员伤亡、重大财产损失、公共设施损坏、社会秩序混乱等严重社会危害的活动的；

（二）宣扬恐怖主义，煽动实施恐怖活动，或者非法持有宣扬恐怖主义的物品，强制他人在公共场所穿戴宣扬恐怖主义的服饰、标志的；

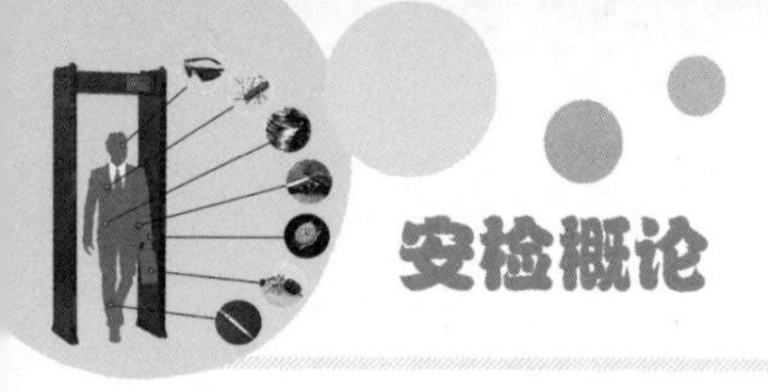

（三）组织、领导、参加恐怖活动组织的；

（四）为恐怖活动组织、恐怖活动人员、实施恐怖活动或者恐怖活动培训提供信息、资金、物资、劳务、技术、场所等支持、协助、便利的；

（五）其他恐怖活动。

本法所称恐怖活动组织，是指三人以上为实施恐怖活动而组成的犯罪组织。

本法所称恐怖活动人员，是指实施恐怖活动的人和恐怖活动组织的成员。

本法所称恐怖事件，是指正在发生或者已经发生的造成或者可能造成重大社会危害的恐怖活动。

第四条 国家将反恐怖主义纳入国家安全战略，综合施策，标本兼治，加强反恐怖主义的能力建设，运用政治、经济、法律、文化、教育、外交、军事等手段，开展反恐怖主义工作。

国家反对一切形式的以歪曲宗教教义或者其他方法煽动仇恨、煽动歧视、鼓吹暴力等极端主义，消除恐怖主义的思想基础。

第五条 反恐怖主义工作坚持专门工作与群众路线相结合，防范为主、惩防结合和先发制敌、保持主动的原则。

第六条 反恐怖主义工作应当依法进行，尊重和保障人权，维护公民和组织的合法权益。

在反恐怖主义工作中，应当尊重公民的宗教信仰自由和民族风俗习惯，禁止任何基于地域、民族、宗教等理由的歧视性做法。

第七条 国家设立反恐怖主义工作领导机构，统一领导和指挥全国反恐怖主义工作。

设区的市级以上地方人民政府设立反恐怖主义工作领导机构，县级人民政府根据需要设立反恐怖主义工作领导机构，在上级反恐怖主义工作领导机构的领导和指挥下，负责本地区反恐怖主义工作。

第八条 公安机关、国家安全机关和人民检察院、人民法院、司法行政机关以及其他有关国家机关，应当根据分工，实行工作责任制，依法做好反恐怖主义工作。

中国人民解放军、中国人民武装警察部队和民兵组织依照本法和其他有关法律、行政法规、军事法规以及国务院、中央军事委员会的命令，并根据反恐怖主义工作领导机构的部署，防范和处置恐怖活动。

有关部门应当建立联动配合机制，依靠、动员村民委员会、居民委员会、企业事业单位、社会组织，共同开展反恐怖主义工作。

第九条 任何单位和个人都有协助、配合有关部门开展反恐怖主义工作的义务，发现恐怖活动嫌疑或者恐怖活动嫌疑人员的，应当及时向公安机关或者有关部门报告。

第十条 对举报恐怖活动或者协助防范、制止恐怖活动有突出贡献的单位和个人，以及在反恐怖主义工作中作出其他突出贡献的单位和个人，按照国家有关规定给予表彰、奖励。

第十一条 对在中华人民共和国领域外对中华人民共和国国家、公民或者机构实施的恐怖活动犯罪，或者实施的中华人民共和国缔结、参加的国际条约所规定的恐怖活动犯罪，中华人民共和国行使刑事管辖权，依法追究刑事责任。

第二章　恐怖活动组织和人员的认定

第十二条 国家反恐怖主义工作领导机构根据本法第三条的规定，认定恐怖活动组织和人员，由国家反恐怖主义工作领导机构的办事机构予以公告。

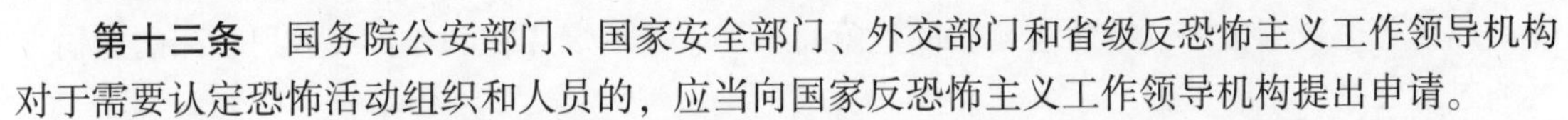

第十三条 国务院公安部门、国家安全部门、外交部门和省级反恐怖主义工作领导机构对于需要认定恐怖活动组织和人员的，应当向国家反恐怖主义工作领导机构提出申请。

第十四条 金融机构和特定非金融机构对国家反恐怖主义工作领导机构的办事机构公告的恐怖活动组织和人员的资金或者其他资产，应当立即予以冻结，并按照规定及时向国务院公安部门、国家安全部门和反洗钱行政主管部门报告。

第十五条 被认定的恐怖活动组织和人员对认定不服的，可以通过国家反恐怖主义工作领导机构的办事机构申请复核。国家反恐怖主义工作领导机构应当及时进行复核，作出维持或者撤销认定的决定。复核决定为最终决定。

国家反恐怖主义工作领导机构作出撤销认定的决定的，由国家反恐怖主义工作领导机构的办事机构予以公告；资金、资产已被冻结的，应当解除冻结。

第十六条 根据刑事诉讼法的规定，有管辖权的中级以上人民法院在审判刑事案件的过程中，可以依法认定恐怖活动组织和人员。对于在判决生效后需要由国家反恐怖主义工作领导机构的办事机构予以公告的，适用本章的有关规定。

第三章　安全防范

第十七条 各级人民政府和有关部门应当组织开展反恐怖主义宣传教育，提高公民的反恐怖主义意识。

教育、人力资源行政主管部门和学校、有关职业培训机构应当将恐怖活动预防、应急知识纳入教育、教学、培训的内容。

新闻、广播、电视、文化、宗教、互联网等有关单位，应当有针对性地面向社会进行反恐怖主义宣传教育。

村民委员会、居民委员会应当协助人民政府以及有关部门，加强反恐怖主义宣传教育。

第十八条 电信业务经营者、互联网服务提供者应当为公安机关、国家安全机关依法进行防范、调查恐怖活动提供技术接口和解密等技术支持和协助。

第十九条 电信业务经营者、互联网服务提供者应当依照法律、行政法规规定，落实网络安全、信息内容监督制度和安全技术防范措施，防止含有恐怖主义、极端主义内容的信息传播；发现含有恐怖主义、极端主义内容的信息的，应当立即停止传输，保存相关记录，删除相关信息，并向公安机关或者有关部门报告。

网信、电信、公安、国家安全等主管部门对含有恐怖主义、极端主义内容的信息，应当按照职责分工，及时责令有关单位停止传输、删除相关信息，或者关闭相关网站、关停相关服务。有关单位应当立即执行，并保存相关记录，协助进行调查。对互联网上跨境传输的含有恐怖主义、极端主义内容的信息，电信主管部门应当采取技术措施，阻断传播。

第二十条 铁路、公路、水上、航空的货运和邮政、快递等物流运营单位应当实行安全查验制度，对客户身份进行查验，依照规定对运输、寄递物品进行安全检查或者开封验视。对禁止运输、寄递，存在重大安全隐患，或者客户拒绝安全查验的物品，不得运输、寄递。

前款规定的物流运营单位，应当实行运输、寄递客户身份、物品信息登记制度。

第二十一条 电信、互联网、金融、住宿、长途客运、机动车租赁等业务经营者、服务提供者，应当对客户身份进行查验。对身份不明或者拒绝身份查验的，不得提供服务。

第二十二条 生产和进口单位应当依照规定对枪支等武器、弹药、管制器具、危险化学品、民用爆炸物品、核与放射物品作出电子追踪标识，对民用爆炸物品添加安检示踪标识物。

运输单位应当依照规定对运营中的危险化学品、民用爆炸物品、核与放射物品的运输工具通过定位系统实行监控。

有关单位应当依照规定对传染病病原体等物质实行严格的监督管理，严密防范传染病病原体等物质扩散或者流入非法渠道。

对管制器具、危险化学品、民用爆炸物品，国务院有关主管部门或者省级人民政府根据需要，在特定区域、特定时间，可以决定对生产、进出口、运输、销售、使用、报废实施管制，可以禁止使用现金、实物进行交易或者对交易活动作出其他限制。

第二十三条 发生枪支等武器、弹药、危险化学品、民用爆炸物品、核与放射物品、传染病病原体等物质被盗、被抢、丢失或者其他流失的情形，案发单位应当立即采取必要的控制措施，并立即向公安机关报告，同时依照规定向有关主管部门报告。公安机关接到报告后，应当及时开展调查。有关主管部门应当配合公安机关开展工作。

任何单位和个人不得非法制作、生产、储存、运输、进出口、销售、提供、购买、使用、持有、报废、销毁前款规定的物品。公安机关发现的，应当予以扣押；其他主管部门发现的，应当予以扣押，并立即通报公安机关；其他单位、个人发现的，应当立即向公安机关报告。

第二十四条 国务院反洗钱行政主管部门、国务院有关部门、机构依法对金融机构和特定非金融机构履行反恐怖主义融资义务的情况进行监督管理。

国务院反洗钱行政主管部门发现涉嫌恐怖主义融资的，可以依法进行调查，采取临时冻结措施。

第二十五条 审计、财政、税务等部门在依照法律、行政法规的规定对有关单位实施监督检查的过程中，发现资金流入流出涉嫌恐怖主义融资的，应当及时通报公安机关。

第二十六条 海关在对进出境人员携带现金和无记名有价证券实施监管的过程中，发现涉嫌恐怖主义融资的，应当立即通报国务院反洗钱行政主管部门和有管辖权的公安机关。

第二十七条 地方各级人民政府制定、组织实施城乡规划，应当符合反恐怖主义工作的需要。

地方各级人民政府应当根据需要，组织、督促有关建设单位在主要道路、交通枢纽、城市公共区域的重点部位，配备、安装公共安全视频图像信息系统等防范恐怖袭击的技防、物防设备、设施。

第二十八条 公安机关和有关部门对宣扬极端主义，利用极端主义危害公共安全、扰乱公共秩序、侵犯人身财产、妨害社会管理的，应当及时予以制止，依法追究法律责任。

公安机关发现极端主义活动的，应当责令立即停止，将有关人员强行带离现场并登记身份信息，对有关物品、资料予以收缴，对非法活动场所予以查封。

任何单位和个人发现宣扬极端主义的物品、资料、信息的，应当立即向公安机关报告。

第二十九条 对被教唆、胁迫、引诱参与恐怖活动、极端主义活动，或者参与恐怖活动、极端主义活动情节轻微，尚不构成犯罪的人员，公安机关应当组织有关部门、村民委员会、居民委员会、所在单位、就读学校、家庭和监护人对其进行帮教。

监狱、看守所、社区矫正机构应当加强对服刑的恐怖活动罪犯和极端主义罪犯的管理、教育、矫正等工作。监狱、看守所对恐怖活动罪犯和极端主义罪犯，根据教育改造和维护监管秩序的需要，可以与普通刑事罪犯混合关押，也可以个别关押。

第三十条 对恐怖活动罪犯和极端主义罪犯被判处徒刑以上刑罚的，监狱、看守所应当在刑满释放前根据其犯罪性质、情节和社会危害程度，服刑期间的表现，释放后对所居住社区的影响等进行社会危险性评估。进行社会危险性评估，应当听取有关基层组织和原办案机关的意见。经评估具有社会危险性的，监狱、看守所应当向罪犯服刑地的中级人民法院提出安置教育建议，并将建议书副本抄送同级人民检察院。

罪犯服刑地的中级人民法院对于确有社会危险性的，应当在罪犯刑满释放前作出责令其在刑满释放后接受安置教育的决定。决定书副本应当抄送同级人民检察院。被决定安置教育的人员对决定不服的，可以向上一级人民法院申请复议。

安置教育由省级人民政府组织实施。安置教育机构应当每年对被安置教育人员进行评估，对于确有悔改表现，不致再危害社会的，应当及时提出解除安置教育的意见，报决定安置教育的中级人民法院作出决定。被安置教育人员有权申请解除安置教育。

人民检察院对安置教育的决定和执行实行监督。

第三十一条 公安机关应当会同有关部门，将遭受恐怖袭击的可能性较大以及遭受恐怖袭击可能造成重大的人身伤亡、财产损失或者社会影响的单位、场所、活动、设施等确定为防范恐怖袭击的重点目标，报本级反恐怖主义工作领导机构备案。

第三十二条 重点目标的管理单位应当履行下列职责：

（一）制定防范和应对处置恐怖活动的预案、措施，定期进行培训和演练；

（二）建立反恐怖主义工作专项经费保障制度，配备、更新防范和处置设备、设施；

（三）指定相关机构或者落实责任人员，明确岗位职责；

（四）实行风险评估，实时监测安全威胁，完善内部安全管理；

（五）定期向公安机关和有关部门报告防范措施落实情况。

重点目标的管理单位应当根据城乡规划、相关标准和实际需要，对重点目标同步设计、同步建设、同步运行符合本法第二十七条规定的技防、物防设备、设施。

重点目标的管理单位应当建立公共安全视频图像信息系统值班监看、信息保存使用、运行维护等管理制度，保障相关系统正常运行。采集的视频图像信息保存期限不得少于九十日。

对重点目标以外的涉及公共安全的其他单位、场所、活动、设施，其主管部门和管理单位应当依照法律、行政法规规定，建立健全安全管理制度，落实安全责任。

第三十三条 重点目标的管理单位应当对重要岗位人员进行安全背景审查。对有不适合情形的人员，应当调整工作岗位，并将有关情况通报公安机关。

第三十四条 大型活动承办单位以及重点目标的管理单位应当依照规定，对进入大型活动场所、机场、火车站、码头、城市轨道交通站、公路长途客运站、口岸等重点目标的人员、物品和交通工具进行安全检查。发现违禁品和管制物品，应当予以扣留并立即向公安机关报告；发现涉嫌违法犯罪人员，应当立即向公安机关报告。

第三十五条 对航空器、列车、船舶、城市轨道车辆、公共电汽车等公共交通运输工具，营运单位应当依照规定配备安保人员和相应设备、设施，加强安全检查和保卫工作。

第三十六条 公安机关和有关部门应当掌握重点目标的基础信息和重要动态，指导、监督重点目标的管理单位履行防范恐怖袭击的各项职责。

公安机关、中国人民武装警察部队应当依照有关规定对重点目标进行警戒、巡逻、检查。

第三十七条 飞行管制、民用航空、公安等主管部门应当按照职责分工，加强空域、航空器和飞行活动管理，严密防范针对航空器或者利用飞行活动实施的恐怖活动。

第三十八条 各级人民政府和军事机关应当在重点国（边）境地段和口岸设置拦阻隔离网、视频图像采集和防越境报警设施。

公安机关和中国人民解放军应当严密组织国（边）境巡逻，依照规定对抵离国（边）境前沿、进出国（边）境管理区和国（边）境通道、口岸的人员、交通运输工具、物品，以及沿海沿边地区的船舶进行查验。

第三十九条 出入境证件签发机关、出入境边防检查机关对恐怖活动人员和恐怖活动嫌疑人员，有权决定不准其出境入境、不予签发出境入境证件或者宣布其出境入境证件作废。

第四十条 海关、出入境边防检查机关发现恐怖活动嫌疑人员或者涉嫌恐怖活动物品的，应当依法扣留，并立即移送公安机关或者国家安全机关。

第四十一条 国务院外交、公安、国家安全、发展改革、工业和信息化、商务、旅游等主管部门应当建立境外投资合作、旅游等安全风险评估制度，对中国在境外的公民以及驻外机构、设施、财产加强安全保护，防范和应对恐怖袭击。

第四十二条 驻外机构应当建立健全安全防范制度和应对处置预案，加强对有关人员、设施、财产的安全保护。

第四章　情报信息

第四十三条 国家反恐怖主义工作领导机构建立国家反恐怖主义情报中心，实行跨部门、跨地区情报信息工作机制，统筹反恐怖主义情报信息工作。

有关部门应当加强反恐怖主义情报信息搜集工作，对搜集的有关线索、人员、行动类情报信息，应当依照规定及时统一归口报送国家反恐怖主义情报中心。

地方反恐怖主义工作领导机构应当建立跨部门情报信息工作机制，组织开展反恐怖主义情报信息工作，对重要的情报信息，应当及时向上级反恐怖主义工作领导机构报告，对涉及其他地方的紧急情报信息，应当及时通报相关地方。

第四十四条 公安机关、国家安全机关和有关部门应当依靠群众，加强基层基础工作，建立基层情报信息工作力量，提高反恐怖主义情报信息工作能力。

第四十五条 公安机关、国家安全机关、军事机关在其职责范围内，因反恐怖主义情报信息工作的需要，根据国家有关规定，经过严格的批准手续，可以采取技术侦察措施。

依照前款规定获取的材料，只能用于反恐怖主义应对处置和对恐怖活动犯罪、极端主义犯罪的侦查、起诉和审判，不得用于其他用途。

第四十六条 有关部门对于在本法第三章规定的安全防范工作中获取的信息，应当根据国家反恐怖主义情报中心的要求，及时提供。

第四十七条 国家反恐怖主义情报中心、地方反恐怖主义工作领导机构以及公安机关等有关部门应当对有关情报信息进行筛查、研判、核查、监控，认为有发生恐怖事件危险，需要采取相应的安全防范、应对处置措施的，应当及时通报有关部门和单位，并可以根据情况发出预警。有关部门和单位应当根据通报做好安全防范、应对处置工作。

第四十八条 反恐怖主义工作领导机构、有关部门和单位、个人应当对履行反恐怖主义工作职责、义务过程中知悉的国家秘密、商业秘密和个人隐私予以保密。

违反规定泄露国家秘密、商业秘密和个人隐私的，依法追究法律责任。

第五章 调查

第四十九条 公安机关接到恐怖活动嫌疑的报告或者发现恐怖活动嫌疑，需要调查核实的，应当迅速进行调查。

第五十条 公安机关调查恐怖活动嫌疑，可以依照有关法律规定对嫌疑人员进行盘问、检查、传唤，可以提取或者采集肖像、指纹、虹膜图像等人体生物识别信息和血液、尿液、脱落细胞等生物样本，并留存其签名。

公安机关调查恐怖活动嫌疑，可以通知了解有关情况的人员到公安机关或者其他地点接受询问。

第五十一条 公安机关调查恐怖活动嫌疑，有权向有关单位和个人收集、调取相关信息和材料。有关单位和个人应当如实提供。

第五十二条 公安机关调查恐怖活动嫌疑，经县级以上公安机关负责人批准，可以查询嫌疑人员的存款、汇款、债券、股票、基金份额等财产，可以采取查封、扣押、冻结措施。查封、扣押、冻结的期限不得超过二个月，情况复杂的，可以经上一级公安机关负责人批准延长一个月。

第五十三条 公安机关调查恐怖活动嫌疑，经县级以上公安机关负责人批准，可以根据其危险程度，责令恐怖活动嫌疑人员遵守下列一项或者多项约束措施：

（一）未经公安机关批准不得离开所居住的市、县或者指定的处所；

（二）不得参加大型群众性活动或者从事特定的活动；

（三）未经公安机关批准不得乘坐公共交通工具或者进入特定的场所；

（四）不得与特定的人员会见或者通信；

（五）定期向公安机关报告活动情况；

（六）将护照等出入境证件、身份证件、驾驶证件交公安机关保存。

公安机关可以采取电子监控、不定期检查等方式对其遵守约束措施的情况进行监督。

采取前两款规定的约束措施的期限不得超过三个月。对不需要继续采取约束措施的，应当及时解除。

第五十四条 公安机关经调查，发现犯罪事实或者犯罪嫌疑人的，应当依照刑事诉讼法的规定立案侦查。本章规定的有关期限届满，公安机关未立案侦查的，应当解除有关措施。

第六章 应对处置

第五十五条 国家建立健全恐怖事件应对处置预案体系。

国家反恐怖主义工作领导机构应当针对恐怖事件的规律、特点和可能造成的社会危害，分级、分类制定国家应对处置预案，具体规定恐怖事件应对处置的组织指挥体系和恐怖事件安全防范、应对处置程序以及事后社会秩序恢复等内容。

有关部门、地方反恐怖主义工作领导机构应当制定相应的应对处置预案。

第五十六条 应对处置恐怖事件，各级反恐怖主义工作领导机构应当成立由有关部门参加的指挥机构，实行指挥长负责制。反恐怖主义工作领导机构负责人可以担任指挥长，也可以确定公安机关负责人或者反恐怖主义工作领导机构的其他成员单位负责人担任指挥长。

跨省、自治区、直辖市发生的恐怖事件或者特别重大恐怖事件的应对处置，由国家反恐怖主义工作领导机构负责指挥；在省、自治区、直辖市范围内发生的涉及多个行政区域的恐怖事件或者重大恐怖事件的应对处置，由省级反恐怖主义工作领导机构负责指挥。

第五十七条 恐怖事件发生后，发生地反恐怖主义工作领导机构应当立即启动恐怖事件应对处置预案，确定指挥长。有关部门和中国人民解放军、中国人民武装警察部队、民兵组织，按照反恐怖主义工作领导机构和指挥长的统一领导、指挥，协同开展打击、控制、救援、救护等现场应对处置工作。

上级反恐怖主义工作领导机构可以对应对处置工作进行指导，必要时调动有关反恐怖主义力量进行支援。

需要进入紧急状态的，由全国人民代表大会常务委员会或者国务院依照宪法和其他有关法律规定的权限和程序决定。

第五十八条 发现恐怖事件或者疑似恐怖事件后，公安机关应当立即进行处置，并向反恐怖主义工作领导机构报告；中国人民解放军、中国人民武装警察部队发现正在实施恐怖活动的，应当立即予以控制并将案件及时移交公安机关。

反恐怖主义工作领导机构尚未确定指挥长的，由在场处置的公安机关职级最高的人员担任现场指挥员。公安机关未能到达现场的，由在场处置的中国人民解放军或者中国人民武装警察部队职级最高的人员担任现场指挥员。现场应对处置人员无论是否属于同一单位、系统，均应当服从现场指挥员的指挥。

指挥长确定后，现场指挥员应当向其请示、报告工作或者有关情况。

第五十九条 中华人民共和国在境外的机构、人员、重要设施遭受或者可能遭受恐怖袭击的，国务院外交、公安、国家安全、商务、金融、国有资产监督管理、旅游、交通运输等主管部门应当及时启动应对处置预案。国务院外交部门应当协调有关国家采取相应措施。

中华人民共和国在境外的机构、人员、重要设施遭受严重恐怖袭击后，经与有关国家协商同意，国家反恐怖主义工作领导机构可以组织外交、公安、国家安全等部门派出工作人员赴境外开展应对处置工作。

第六十条 应对处置恐怖事件，应当优先保护直接受到恐怖活动危害、威胁人员的人身安全。

第六十一条 恐怖事件发生后，负责应对处置的反恐怖主义工作领导机构可以决定由有关部门和单位采取下列一项或者多项应对处置措施：

（一）组织营救和救治受害人员，疏散、撤离并妥善安置受到威胁的人员以及采取其他救助措施；

（二）封锁现场和周边道路，查验现场人员的身份证件，在有关场所附近设置临时警戒线；

（三）在特定区域内实施空域、海（水）域管制，对特定区域内的交通运输工具进行检查；

（四）在特定区域内实施互联网、无线电、通讯管制；

（五）在特定区域内或者针对特定人员实施出境入境管制；

（六）禁止或者限制使用有关设备、设施，关闭或者限制使用有关场所，中止人员密集的活动或者可能导致危害扩大的生产经营活动；

（七）抢修被损坏的交通、电信、互联网、广播电视、供水、排水、供电、供气、供热等公共设施；

（八）组织志愿人员参加反恐怖主义救援工作，要求具有特定专长的人员提供服务；

（九）其他必要的应对处置措施。

采取前款第三项至第五项规定的应对处置措施，由省级以上反恐怖主义工作领导机构决定或者批准；采取前款第六项规定的应对处置措施，由设区的市级以上反恐怖主义工作领导机构决定。应对处置措施应当明确适用的时间和空间范围，并向社会公布。

第六十二条 人民警察、人民武装警察以及其他依法配备、携带武器的应对处置人员，对在现场持枪支、刀具等凶器或者使用其他危险方法，正在或者准备实施暴力行为的人员，经警告无效的，可以使用武器；紧急情况下或者警告后可能导致更为严重危害后果的，可以直接使用武器。

第六十三条 恐怖事件发生、发展和应对处置信息，由恐怖事件发生地的省级反恐怖主义工作领导机构统一发布；跨省、自治区、直辖市发生的恐怖事件，由指定的省级反恐怖主义工作领导机构统一发布。

任何单位和个人不得编造、传播虚假恐怖事件信息；不得报道、传播可能引起模仿的恐怖活动的实施细节；不得发布恐怖事件中残忍、不人道的场景；在恐怖事件的应对处置过程中，除新闻媒体经负责发布信息的反恐怖主义工作领导机构批准外，不得报道、传播现场应对处置的工作人员、人质身份信息和应对处置行动情况。

第六十四条 恐怖事件应对处置结束后，各级人民政府应当组织有关部门帮助受影响的单位和个人尽快恢复生活、生产，稳定受影响地区的社会秩序和公众情绪。

第六十五条 当地人民政府应当及时给予恐怖事件受害人员及其近亲属适当的救助，并向失去基本生活条件的受害人员及其近亲属及时提供基本生活保障。卫生、医疗保障等主管部门应当为恐怖事件受害人员及其近亲属提供心理、医疗等方面的援助。

第六十六条 公安机关应当及时对恐怖事件立案侦查，查明事件发生的原因、经过和结果，依法追究恐怖活动组织、人员的刑事责任。

第六十七条 反恐怖主义工作领导机构应当对恐怖事件的发生和应对处置工作进行全面分析、总结评估，提出防范和应对处置改进措施，向上一级反恐怖主义工作领导机构报告。

第七章 国际合作

第六十八条 中华人民共和国根据缔结或者参加的国际条约，或者按照平等互惠原则，与其他国家、地区、国际组织开展反恐怖主义合作。

第六十九条 国务院有关部门根据国务院授权，代表中国政府与外国政府和有关国际组织开展反恐怖主义政策对话、情报信息交流、执法合作和国际资金监管合作。

在不违背我国法律的前提下，边境地区的县级以上地方人民政府及其主管部门，经国务院或者中央有关部门批准，可以与相邻国家或者地区开展反恐怖主义情报信息交流、执法合作和国际资金监管合作。

第七十条 涉及恐怖活动犯罪的刑事司法协助、引渡和被判刑人移管，依照有关法律规定执行。

第七十一条 经与有关国家达成协议，并报国务院批准，国务院公安部门、国家安全部门可以派员出境执行反恐怖主义任务。

中国人民解放军、中国人民武装警察部队派员出境执行反恐怖主义任务，由中央军事委员会批准。

第七十二条 通过反恐怖主义国际合作取得的材料可以在行政处罚、刑事诉讼中作为证据使用，但我方承诺不作为证据使用的除外。

第八章 保障措施

第七十三条 国务院和县级以上地方各级人民政府应当按照事权划分，将反恐怖主义工作经费分别列入同级财政预算。

国家对反恐怖主义重点地区给予必要的经费支持，对应对处置大规模恐怖事件给予经费保障。

第七十四条 公安机关、国家安全机关和有关部门，以及中国人民解放军、中国人民武装警察部队，应当依照法律规定的职责，建立反恐怖主义专业力量，加强专业训练，配备必要的反恐怖主义专业设备、设施。

县级、乡级人民政府根据需要，指导有关单位、村民委员会、居民委员会建立反恐怖主义工作力量、志愿者队伍，协助、配合有关部门开展反恐怖主义工作。

第七十五条 对因履行反恐怖主义工作职责或者协助、配合有关部门开展反恐怖主义工作导致伤残或者死亡的人员，按照国家有关规定给予相应的待遇。

第七十六条 因报告和制止恐怖活动，在恐怖活动犯罪案件中作证，或者从事反恐怖主义工作，本人或者其近亲属的人身安全面临危险的，经本人或者其近亲属提出申请，公安机关、有关部门应当采取下列一项或者多项保护措施：

（一）不公开真实姓名、住址和工作单位等个人信息；

（二）禁止特定的人接触被保护人员；

（三）对人身和住宅采取专门性保护措施；

（四）变更被保护人员的姓名，重新安排住所和工作单位；

（五）其他必要的保护措施。

公安机关、有关部门应当依照前款规定，采取不公开被保护单位的真实名称、地址，禁止特定的人接近被保护单位，对被保护单位办公、经营场所采取专门性保护措施，以及其他必要的保护措施。

第七十七条 国家鼓励、支持反恐怖主义科学研究和技术创新，开发和推广使用先进的反恐怖主义技术、设备。

第七十八条 公安机关、国家安全机关、中国人民解放军、中国人民武装警察部队因履行反恐怖主义职责的紧急需要，根据国家有关规定，可以征用单位和个人的财产。任务完成后应当及时归还或者恢复原状，并依照规定支付相应费用；造成损失的，应当补偿。

因开展反恐怖主义工作对有关单位和个人的合法权益造成损害的，应当依法给予赔偿、补偿。有关单位和个人有权依法请求赔偿、补偿。

第九章 法律责任

第七十九条 组织、策划、准备实施、实施恐怖活动，宣扬恐怖主义，煽动实施恐怖活动，非法持有宣扬恐怖主义的物品，强制他人在公共场所穿戴宣扬恐怖主义的服饰、标志，组织、领导、参加恐怖活动组织，为恐怖活动组织、恐怖活动人员、实施恐怖活动或者恐怖活动培训提供帮助的，依法追究刑事责任。

第八十条 参与下列活动之一，情节轻微，尚不构成犯罪的，由公安机关处十日以上十五日以下拘留，可以并处一万元以下罚款：

（一）宣扬恐怖主义、极端主义或者煽动实施恐怖活动、极端主义活动的；

（二）制作、传播、非法持有宣扬恐怖主义、极端主义的物品的；

（三）强制他人在公共场所穿戴宣扬恐怖主义、极端主义的服饰、标志的；

（四）为宣扬恐怖主义、极端主义或者实施恐怖主义、极端主义活动提供信息、资金、物资、劳务、技术、场所等支持、协助、便利的。

第八十一条 利用极端主义，实施下列行为之一，情节轻微，尚不构成犯罪的，由公安机关处五日以上十五日以下拘留，可以并处一万元以下罚款：

（一）强迫他人参加宗教活动，或者强迫他人向宗教活动场所、宗教教职人员提供财物或者劳务的；

（二）以恐吓、骚扰等方式驱赶其他民族或者有其他信仰的人员离开居住地的；

（三）以恐吓、骚扰等方式干涉他人与其他民族或者有其他信仰的人员交往、共同生活的；

（四）以恐吓、骚扰等方式干涉他人生活习俗、方式和生产经营的；

（五）阻碍国家机关工作人员依法执行职务的；

（六）歪曲、诋毁国家政策、法律、行政法规，煽动、教唆抵制人民政府依法管理的；

（七）煽动、胁迫群众损毁或者故意损毁居民身份证、户口簿等国家法定证件以及人民币的；

（八）煽动、胁迫他人以宗教仪式取代结婚、离婚登记的；

（九）煽动、胁迫未成年人不接受义务教育的；

（十）其他利用极端主义破坏国家法律制度实施的。

第八十二条 明知他人有恐怖活动犯罪、极端主义犯罪行为，窝藏、包庇，情节轻微，尚不构成犯罪的，或者在司法机关向其调查有关情况、收集有关证据时，拒绝提供的，由公安机关处十日以上十五日以下拘留，可以并处一万元以下罚款。

第八十三条 金融机构和特定非金融机构对国家反恐怖主义工作领导机构的办事机构公告的恐怖活动组织及恐怖活动人员的资金或者其他资产，未立即予以冻结的，由公安机关处二十万元以上五十万元以下罚款，并对直接负责的董事、高级管理人员和其他直接责任人员处十万元以下罚款；情节严重的，处五十万元以上罚款，并对直接负责的董事、高级管理人员和其他直接责任人员，处十万元以上五十万元以下罚款，可以并处五日以上十五日以下拘留。

第八十四条 电信业务经营者、互联网服务提供者有下列情形之一的，由主管部门处二十万元以上五十万元以下罚款，并对其直接负责的主管人员和其他直接责任人员处十万元以下罚款；情节严重的，处五十万元以上罚款，并对其直接负责的主管人员和其他直接责任人员，处十万元以上五十万元以下罚款，可以由公安机关对其直接负责的主管人员和其他直接责任人员，处五日以上十五日以下拘留：

（一）未依照规定为公安机关、国家安全机关依法进行防范、调查恐怖活动提供技术接口和解密等技术支持和协助的；

（二）未按照主管部门的要求，停止传输、删除含有恐怖主义、极端主义内容的信息，保存相关记录，关闭相关网站或者关停相关服务的；

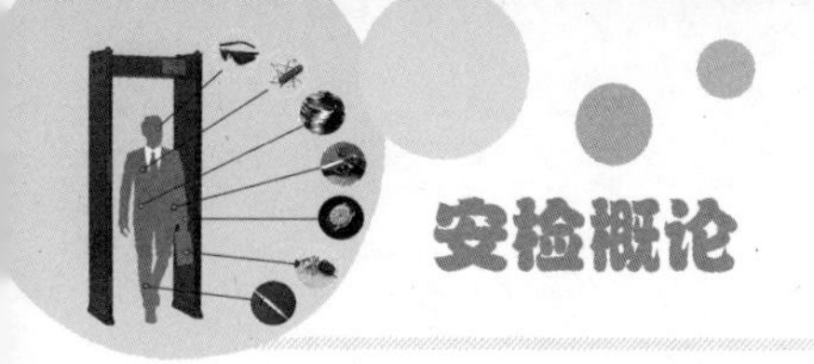

（三）未落实网络安全、信息内容监督制度和安全技术防范措施，造成含有恐怖主义、极端主义内容的信息传播，情节严重的。

第八十五条 铁路、公路、水上、航空的货运和邮政、快递等物流运营单位有下列情形之一的，由主管部门处十万元以上五十万元以下罚款，并对其直接负责的主管人员和其他直接责任人员处十万元以下罚款：

（一）未实行安全查验制度，对客户身份进行查验，或者未依照规定对运输、寄递物品进行安全检查或者开封验视的；

（二）对禁止运输、寄递，存在重大安全隐患，或者客户拒绝安全查验的物品予以运输、寄递的；

（三）未实行运输、寄递客户身份、物品信息登记制度的。

第八十六条 电信、互联网、金融业务经营者、服务提供者未按规定对客户身份进行查验，或者对身份不明、拒绝身份查验的客户提供服务的，主管部门应当责令改正；拒不改正的，处二十万元以上五十万元以下罚款，并对其直接负责的主管人员和其他直接责任人员处十万元以下罚款；情节严重的，处五十万元以上罚款，并对其直接负责的主管人员和其他直接责任人员，处十万元以上五十万元以下罚款。

住宿、长途客运、机动车租赁等业务经营者、服务提供者有前款规定情形的，由主管部门处十万元以上五十万元以下罚款，并对其直接负责的主管人员和其他直接责任人员处十万元以下罚款。

第八十七条 违反本法规定，有下列情形之一的，由主管部门给予警告，并责令改正；拒不改正的，处十万元以下罚款，并对其直接负责的主管人员和其他直接责任人员处一万元以下罚款：

（一）未依照规定对枪支等武器、弹药、管制器具、危险化学品、民用爆炸物品、核与放射物品作出电子追踪标识，对民用爆炸物品添加安检示踪标识物的；

（二）未依照规定对运营中的危险化学品、民用爆炸物品、核与放射物品的运输工具通过定位系统实行监控的；

（三）未依照规定对传染病病原体等物质实行严格的监督管理，情节严重的；

（四）违反国务院有关主管部门或者省级人民政府对管制器具、危险化学品、民用爆炸物品决定的管制或者限制交易措施的。

第八十八条 防范恐怖袭击重点目标的管理、营运单位违反本法规定，有下列情形之一的，由公安机关给予警告，并责令改正；拒不改正的，处十万元以下罚款，并对其直接负责的主管人员和其他直接责任人员处一万元以下罚款：

（一）未制定防范和应对处置恐怖活动的预案、措施的；

（二）未建立反恐怖主义工作专项经费保障制度，或者未配备防范和处置设备、设施的；

（三）未落实工作机构或者责任人员的；

（四）未对重要岗位人员进行安全背景审查，或者未将有不适合情形的人员调整工作岗位的；

（五）对公共交通运输工具未依照规定配备安保人员和相应设备、设施的；

（六）未建立公共安全视频图像信息系统值班监看、信息保存使用、运行维护等管理制度的。

大型活动承办单位以及重点目标的管理单位未依照规定对进入大型活动场所、机场、火车站、码头、城市轨道交通站、公路长途客运站、口岸等重点目标的人员、物品和交通工具进行安全检查的，公安机关应当责令改正；拒不改正的，处十万元以下罚款，并对其直接负责的主管人员和其他直接责任人员处一万元以下罚款。

第八十九条 恐怖活动嫌疑人员违反公安机关责令其遵守的约束措施的，由公安机关给予警告，并责令改正；拒不改正的，处五日以上十五日以下拘留。

第九十条 新闻媒体等单位编造、传播虚假恐怖事件信息，报道、传播可能引起模仿的恐怖活动的实施细节，发布恐怖事件中残忍、不人道的场景，或者未经批准，报道、传播现场应对处置的工作人员、人质身份信息和应对处置行动情况的，由公安机关处二十万元以下罚款，并对其直接负责的主管人员和其他直接责任人员，处五日以上十五日以下拘留，可以并处五万元以下罚款。

个人有前款规定行为的，由公安机关处五日以上十五日以下拘留，可以并处一万元以下罚款。

第九十一条 拒不配合有关部门开展反恐怖主义安全防范、情报信息、调查、应对处置工作的，由主管部门处二千元以下罚款；造成严重后果的，处五日以上十五日以下拘留，可以并处一万元以下罚款。

单位有前款规定行为的，由主管部门处五万元以下罚款；造成严重后果的，处十万元以下罚款；并对其直接负责的主管人员和其他直接责任人员依照前款规定处罚。

第九十二条 阻碍有关部门开展反恐怖主义工作的，由公安机关处五日以上十五日以下拘留，可以并处五万元以下罚款。

单位有前款规定行为的，由公安机关处二十万元以下罚款，并对其直接负责的主管人员和其他直接责任人员依照前款规定处罚。

阻碍人民警察、人民解放军、人民武装警察依法执行职务的，从重处罚。

第九十三条 单位违反本法规定，情节严重的，由主管部门责令停止从事相关业务、提供相关服务或者责令停产停业；造成严重后果的，吊销有关证照或者撤销登记。

第九十四条 反恐怖主义工作领导机构、有关部门的工作人员在反恐怖主义工作中滥用职权、玩忽职守、徇私舞弊，或者有违反规定泄露国家秘密、商业秘密和个人隐私等行为，构成犯罪的，依法追究刑事责任；尚不构成犯罪的，依法给予处分。

反恐怖主义工作领导机构、有关部门及其工作人员在反恐怖主义工作中滥用职权、玩忽职守、徇私舞弊或者有其他违法违纪行为的，任何单位和个人有权向有关部门检举、控告。有关部门接到检举、控告后，应当及时处理并回复检举、控告人。

第九十五条 对依照本法规定查封、扣押、冻结、扣留、收缴的物品、资金等，经审查发现与恐怖主义无关的，应当及时解除有关措施，予以退还。

第九十六条 有关单位和个人对依照本法作出的行政处罚和行政强制措施决定不服的，可以依法申请行政复议或者提起行政诉讼。

第十章 附则

第九十七条 本法自2016年1月1日起施行。2011年10月29日第十一届全国人民代表大会常务委员会第二十三次会议通过的《全国人民代表大会常务委员会关于加强反恐怖工作有关问题的决定》同时废止。

参 考 文 献

[1] 朱益军. 安检与排爆. 北京：群众出版社，2004.